物理の完全制覇 プラチナ例題 電磁気・原子編

名門会家庭教師センター講師

酒井啓介

かんき出版

はじめに

～難関国公立大、難関私大の医学部および理系学部を目指す人に

■入試問題の全パターンを網羅しました

　大学入試の物理には、出題のパターン（目の付けどころ）があります。集約すると70パターン。**その70パターンを例題（プラチナ例題）に落とし込み、解き方をたどることで物理という科目を完全制覇しよう**という狙いで執筆しました。

　本書は［電磁気・原子編］と題して、全70パターンのうち29本を収録しました。同じシリーズの［力学・熱・波動編］では残りの41本をセレクトし、解説しています。

■確実に解ける方法をていねいにお伝えします

　2021年1月からは大学入試センター試験に代わり、大学入学共通テストが導入されます。しかし、**大学入試制度が変更になったからといって物理法則が変わるわけではありません。**

　試験制度が変わっても対応できる学力を身につけるには、

「なぜ、こうやるのか」

「なぜ、こうしないのか」

「他に正解にたどり着く方法はないのか」

　ということを考えながら学習することが大切です。

「正解できたからもう大丈夫」と思っているようでは、本番で初めて見る問題を出題されたら頭がフリーズしてしまった、という事態を招きかねません。

　本書では、「早く解ける方法」をお伝えするのではなく、むしろ、「時間は長くかかっても確実に解ける方法」を紹介しました。

　私が心がけたのは、奇抜な方法を使わずに、高校物理で学ぶ基本事項だけ繰り返し使って正解にたどり着くことです。この"繰り返し使う"ということが大事で、みなさんには一定の「忍耐力」を身につけていただく必要が

あります。

このため、「プラチナ解説」と題した解答・解説のコーナーは全体に長くなっています。もっと早く正解を導く方法もあるとは思いますが、早く解けても特定の場合にしか使えない解法ではなく、時間はかかっても他の問題を解くときにも役に立つ解法を集めました。

■「とっかかり」は一瞬でつかめます

一方で、**問題文を読み終えたところで、こうすれば正解にたどり着けそうだという「とっかかり（着眼点）」は、一瞬で見えたほうが、心がラクになりますよね。**

そこで、例題の後に「プラチナポイント」というコーナーを設けました。ここが、本書のキモになります。その例題で学んでほしいことや陥りがちな誤答・誤解はもちろん、物理法則の解釈の仕方などにも触れています。

ここを繰り返し読むだけで、試験に出る難問に立ち向かうための「対応力」が身につくはずです。

■他の問題集や演習本にはない良さがあります

本書を執筆するきっかけになったのは、これまでの問題集や演習本に対する「違和感」からでした。

たとえば、高校の教科書に準拠して作られている問題集と、実際の入試問題には大きなレベル差があります。教科書準拠の問題集は物理法則を覚えさせるためのものなので、問題文から「この物理法則を使って答えなさい」という意図がミエミエの場合が多いのです。

一方、**大学入試の問題は「どの物理法則を適用すればいいのか、どの物理法則を適用してはいけないのか、自分で判断しなさい」というものがほとんど**です。

本書では、この判断力を磨いていただくことを目的としています。

また、多くの問題集や演習本がいわゆる「良問」を扱っています。

この良問とは、従来のセンター試験などに出題されるタイプ、言い換えると直球型の問題で、早く解くことができます。しかし、この良問タイプは大学入試全体の出題率でいうと50％以下といわれています。

では、残りの50％以上はどうかというと、高校物理の基本事項を使うこ

とに変わりはありませんが、いくつかの基本事項が組み合わされていたりしていて、解くまでに時間がかかる考察問題です。合否を分けるのはこの部分です。難関大学の問題ほど、こうした傾向が強いのです。

だからこそ、本書では、国公立大学上位校や私立大学上位校で実際に出題されたものばかりを集めました。

それらを克服していく過程で、ぜひ、「忍耐力」や「対応力」を身につけてください。

■[電磁気・原子編]に込めた思いがあります

本書で取り扱うのは、電磁気と原子という二つの分野です。

このうち、電磁気を苦手としている受験生は多いようです。原因はいくつか考えられますが、日頃指導していて感じることの一つに「**特定の場合にしか成り立たない関係式を、いつでも成り立つと思って問題を解いてしまう**」という点があります。

たとえば、コンデンサーの合成容量の式は特定の場合にしか成り立たない、ということに気づかずに該当しないケースでも使ってしまい、失点する受験生があとを絶ちません。

こうした誤解を招かないように、本書では特定の場合にしか成り立たない関係式はなるべく使わず、どのようなときにも成り立つ、汎用性が高い法則や関係式を用いて問題を解くように心がけました。

その分、**計算力を要する例題を多数扱っていますが、数学の能力を鍛えるよい機会だと思って挑戦してください**。そして、ぜひお願いしたいのは、「自分が使った法則や関係式はいつでも成り立つものなのか、そうではないのか」考えながら学習してほしい、ということです。

そう考えるだけで、確実に得点力が上がるはずです。

■出題者の声が聞こえてきます

私はこれまで、**個別指導予備校や医学部受験予備校で教鞭をとってきました**。ふだんから学生の反応を見ながら授業をしています。だからこそ、みなさんが陥りがちな誤解や誤答について、知識があります。

「この物理法則は一般的な見方とは別の解釈をしたほうが、ずっとわかりやすくなるのに」と思うこともあり、それを指導にも活かしています。

また、**受験生から「入試問題の予想的中率が高い」という評価をいただい
ております**。たとえば、2020年1月に実施された最後のセンター試験では、
本書の姉妹編［力学・熱・波動編］に掲載した例題と類似するものが3問
出題されています。これは過去の入試問題の研究を通じて、

「出題者はこの問題で、どういう力を試しているのか」

「この大学は、どういう学生を求めているのか」

　という出題意図を感じ取っているからだ、と自負しています。

　こうした私の経験や特長を活かして受験生のみなさんの力になりたい、
合格を勝ち取っていただきたい、そして、志望校から喜んで迎え入れてもら
えるような人材になっていただきたい、と考えて本書を執筆しました。

　以上のことから、**本書は高校物理の学習をひと通り終えて、これから大学
入試に向けた問題演習を始めようという人に読んでいただきたい**と思って
います。本書で何度か演習したのちに、具体的な志望校の過去問演習に挑
戦することをおススメします。

＊　　　＊　　　＊

　最後にひと言アドバイスさせてください。

　物理の学習に限ったことではありませんが、私自身が受験生だったとき
の経験やこれまでの指導経験から、**「志望校を決めると偏差値が上がりや
すい」**という傾向があります。

　たとえば、どの大学の試験にも対応できるように「すべての問題を解け
るようになろう」という抽象的な目標を立てていると、実際にそれができ
れば素晴らしいのですが、意外と成果は出にくいもの。

　逆に、志望校を決めると「このぐらいのことはできなければならない」
「ここまではできなくてもいい」などと**努力目標がはっきりする分、学習を
進めやすくなり、結果も出やすくなります**。

　だから、思い切って「この難関校に入る！」と決めてください。

　本書が、難関国公立大、難関私大の医学部および理系学部を目指す人を、
合格というゴールに導くことを願っています。

2020年1月

酒井　啓介

本書の特長と使い方

1 本書は、第1章電磁気編、第2章原子編という2章立てになっています。

第 **1** 章	電 磁 気 編
プラチナ例題	001　電場・電位

静電場に関する以下の問い～
ンの法則の比例定数を k_0 と～
れる以外の電荷は存在しな～

2 「プラチナ例題」は、全29題で構成されています。「001」といった3ケタの通し番号の隣にあるのは、その例題で問われるテーマです。

1 電気量 Q の点電荷Aが真空中にある。ただし、Q は正とする。点電荷Aから距離 r だけ離れた点の電場の強さ E_1 と電位 V_1 を Q, r, k_0 を使って表しなさい。

2 半径 a の導体球が真空中にあり、その表面に電気量 Q の正電荷が一様に分布している。導体球の中心をOとし、点Oから距離 r $(r > a)$ だけ離れた点をPとする。点Pの電場の強さ E_2 と電位 V_2 および点Oの電位 V_0 を Q, a, r, k_0 の中から必要な記号を用いて表しなさい。

3 真空中において、ある半径 a の球面上に電気量がそれぞれ $Q_1, Q_2, Q_3, \cdots, Q_n$ の n 個の点電荷が配置されている。球中心の電位 V_0' を $Q_1, Q_2, Q_3, \cdots, Q_n, a, k_0$ を使って表しなさい。

3 「プラチナ例題」は、すべて文章題です。前提となる説明文の後に、**1** **2** といった小問が出てきます。選択肢の中から解答を求められる場合もあります。

4 プラチナ例題のもととなった入試問題を出題した大学名です。

〔選択肢〕

(a) 正	(b) 負	(c) 0	(d) 点電荷B
(e) 無限遠	(f) 正の誘導電荷	(g) 負の誘導電荷	(h) 等電位
(i) 静電誘導	(j) 誘電分極	(k) 静電しゃへい	〔 千 葉 大 学 〕

▌ プラチナポイント ▐

電場はベクトル、電位は数値です。導体（金属）の中では電場はできず、そのために電位は一定値になります。クーロンの法則の公式で電気力の強さが計算できるのは点電荷によるクーロン力について計算する場合だけで、点電荷でない場合には公式に値を代入しても正しい値は求められません。

5 「プラチナポイント」では、正解にたどり着くためのとっかかり（着眼点）を明示。陥りがちな誤答・誤解のパターンや、正解を導く物理法則の解釈なども紹介します。

6 「プラチナ解説」では、高校物理で学ぶ基本事項を使いながら、正解を導き出す道筋をていねいに解説していきます。

プラチナ解説

1 点電荷による電場の強さ E_1 および電位 V_1 は、

$$E_1 = k_0 \frac{Q}{r^2}, \ V_1 = k_0 \frac{Q}{r}$$

2 球面上に一様に分布した電荷がその外部に作る電場は**全電荷が球の中心に集中した場合と同じもの**であり、外部につくる電場が同じであることから、電位も同様に計算できることになる。よって、

$$E_2 = k_0 \frac{Q}{r^2}, \ V_2 = k_0 \frac{Q}{r}$$

7 「プラチナ解説」の合間には、ふきだしを使って補足情報を入れていきます。

球面上に一様に分布した電荷は内部には**電場**、導体球の内部では電位が変わらない(一定値)。V_O は導体球面上の電位と等しく、

$$V_O = k_0 \frac{Q}{a}$$

> 電場と電位は関係があります。

3 複数の点電荷による電位は、それぞれの点電荷がその場所に作る電位の和になる。いますべての電荷は O からの距離が a の場所にあるので、

$$V_O' = k_0 \frac{Q_1}{a} + k_0 \frac{Q_2}{a} + \cdots + k_0 \frac{Q_n}{a}$$

4 $Q_1, Q_2, \cdots, Q_n$ が点 R に作った電位 V_R に Q_0 が点 R に作る電位を足せばよいので、

$$V_R' = V_R + k_0 \frac{Q_0}{r}$$

5 導体球殻には正の電荷をもつ粒子と負の電荷をもつ粒子が同数ずつ含まれているために電気的に中性の状態にあるように見えている。導体に電場がかかると、**導体内の負電荷をもつ粒子(電子)が移動**して電気的な偏りが生じる。この現象を静電誘導 $_7$ という。同符号の荷電粒子は斥力を及ぼし合い、異符号の荷電粒子は引力を及ぼし合うことから、

『物理の完全制覇 プラチナ例題［電磁気・原子編］』 　目次

第 2 章 | 原 子 編

編集協力◉北林潤也（オルタナプロ）、菅原和子

ブックデザイン◉小口翔平＋喜來詩織（tobufune）

本文DTP◉ニッタプリントサービス、齋藤稔（ジーラム）

静電場に関する以下の問いに答えなさい。ただし，静電気に関するクーロンの法則の比例定数をk_0とし，無限遠の電位を0とする。また各問いに記される以外の電荷は存在しないものとする。

1　電気量Qの点電荷Aが真空中にある。ただし，Qは正とする。点電荷Aから距離rだけ離れた点の電場の強さE_1と電位V_1をQ, r, k_0を使って表しなさい。

2　半径aの導体球が真空中にあり，その表面に電気量Qの正電荷が一様に分布している。導体球の中心をOとし，点Oから距離r $(r>a)$だけ離れた点をPとする。点Pの電場の強さE_2と電位V_2および点Oの電位V_0をQ, a, r, k_0の中から必要な記号を用いて表しなさい。

3　真空中において，ある半径aの球面上に電気量がそれぞれ$Q_1, Q_2, Q_3, \cdots, Q_n$の$n$個の点電荷が配置されている。球中心の電位$V_0{}'$を$Q_1, Q_2, Q_3, \cdots, Q_n, a, k_0$を使って表しなさい。

4　電気量がそれぞれ$Q_1, Q_2, Q_3, \cdots, Q_n$である$n$個の点電荷が真空中に固定されており，このとき，点Rの電位はV_Rであったとする。さらに，点Rから距離rだけ離れた点に電気量Q_0の点電荷を置いたとき，点Rの電位は$V_R{}'$になった。$V_R{}'$を$V_R, Q_0, Q_1, Q_2, Q_3, \cdots, Q_n, r, k_0$の中から必要な記号を用いて表しなさい。

5　**1**〜**4**の結果を考慮して，図1に示すような点電荷の近傍に置かれた導体球殻の電位を求めよう。以下の文中の空欄 ア 〜 ケ に適切なものを，下に与えられた選択肢(a)〜(k)の中から選び，解答欄にアルファベットで答えなさい。同じ選択肢を複数回使用してよい。また，空欄 コ には与えられた記号を用いた適切な式を記入しなさい。

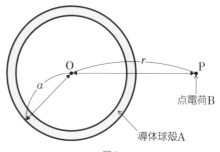

図1

電荷を持たない半径 a の厚みを無視できる導体球殻Aが真空中に固定されている。導体球殻Aの中心Oから距離 r $(r > a)$ だけ離れた点Pに電気量Qの点電荷Bを置いた。ただし，Q は正とする。このとき，　ア　現象により導体球殻Aの表面には電荷が誘導される。点電荷Bに近い導体球殻表面には　イ　が，点電荷Bから遠い表面には　ウ　が誘導されるが，電気量保存の法則により導体球殻Aの正味の電荷は　エ　となっている。導体球殻Aを構成する導体内の電場は，導体球殻Aに誘導された電荷と点電荷Bが作る電場を合成したものであるが，一般に導体内の電場は　オ　であるから，導体球Aの全ての点は　カ　になる。この場合，　ウ　と　イ　を結ぶ電気力線は存在しない。なぜならば，そのような電気力線が存在すると仮定すると，導体球殻表面が　カ　であることに矛盾する。従って，　ウ　から出た電気力線は　キ　まで行く。こうして，導体球殻Aの電位は　ク　であることが分かる。

次に，導体球殻Aが囲む空間内の電場について考えてみよう。この場合，空間内には電荷は存在しないので，電場は存在しない。なぜならば，電場があるとするとその電気力線の始点と終点は導体球殻Aの内面になり，導体球殻Aが　カ　であることに矛盾する。こうして，導体球殻Aの内面には電荷は誘導されず，また導体球殻Aとそれが囲む空間内のすべての点は　カ　であることが分かる。ここでは，導体球殻について考えたが，一般に導体で囲まれた空間の電場は外部の電場の影響を受けない。このような効果を　ケ　という。したがって，導体球殻Aが囲む空間内の任意の場所の電位は導体球Aの電位V_Aに等しい。導体球殻の中心Oの電位を考えると，この電位V_AはQ , a, r, k_0の中から必要な記号を用いて　コ　と表せる。

〔選択肢〕

(a)　正　　　　　(b)　負　　　　　(c)　0　　　　　(d)　点電荷B
(e)　無限遠　　(f)　正の誘導電荷　(g)　負の誘導電荷　(h)　等電位
(i)　静電誘導　(j)　誘電分極　　　(k)　静電しゃへい　　　**〔千葉大学〕**

┃ **プラチナポイント** ┃

電場はベクトル，電位は数値です。導体（金属）の中では電場はできず，そのために電位は一定値になります。クーロンの法則の公式で電気力の強さが計算できるのは点電荷によるクーロン力について計算する場合だけで，点電荷でない場合には公式に値を代入しても正しい値は求められません。

1 点電荷による電場の強さE_1および電位V_1は,

$$E_1 = k_0 \frac{Q}{r^2}, \quad V_1 = k_0 \frac{Q}{r}$$

2 球面上に一様に分布した電荷がその外部に作る電場は**全電荷が球の中心に集中した場合と同じもの**であり, 外部につくる電場が同じであることから, 電位も同様に計算できることになる。よって,

$$E_2 = k_0 \frac{Q}{r^2}, \quad V_2 = k_0 \frac{Q}{r}$$

球面上に一様に分布した電荷は内部には**電場を作らない**。そのため, **導体球の内部では電位が変わらない**（一定値である）。このことから, V_Oは導体球面上の電位と等しく,

$$V_O = k_0 \frac{Q}{a}$$

> 電場と電位は
> 関係があります。

3 複数の点電荷による電位は, それぞれの点電荷がその場所に作る電位の和になる。いますべての電荷はOからの距離が a の場所にあるので,

$$V_O{}' = k_0 \frac{Q_1}{a} + k_0 \frac{Q_2}{a} + \cdots + k_0 \frac{Q_n}{a}$$

4 $Q_1, Q_2, \cdots, Q_n$が点Rに作った電位V_RにQ_0が点Rに作る電位を足せばよいので,

$$V_R{}' = V_R + k_0 \frac{Q_0}{r}$$

5 導体球殻には正の電荷をもつ粒子と負の電荷をもつ粒子が同数ずつ含まれているために電気的に中性の状態にあるように見えている。導体に電場がかかると, **導体内の負電荷をもつ粒子（電子）が移動**して電気的な偏りが生じる。この現象を<u>静電誘導</u>ₐという。同符号の荷電粒子は斥力を及ぼし合い, 異符号の荷電粒子は引力を及ぼし合うことから,

問題の導体球殻Aの点電荷Bに近い面には負の誘導電荷_イが，遠い面には正の誘導電荷_ウがそれぞれ誘導される。この電荷は球殻内で電荷の位置が移動して起こっただけなので，電気量保存の法則により，導体球殻Aの正味の電荷は0_エである。

一般に導体内の電場は0_オである。もしそうでなければ導体内の電場から力を受けた導体内の荷電粒子が運動をし，電流が流れるはずである。荷電粒子は導体内の電場が0になるように移動し，その結果として静電誘導が起こる。これにより，導体内のすべての点は等電位_カになる。このことから，導体球殻上の正電荷から球殻の外部に向けて伸びた電気力線は無限遠_キまで行く。こうして導体球殻Aの電位は正_クであることがわかる。

一般に導体で囲まれた空間の電場は外部の電場の影響を受けない。このような効果を静電しゃへい（遮蔽）_ケという。

以上から導体球殻の中心Oの電位は導体球殻A上の電位 V_A と等しいことがわかり，逆に V_A は中心Oの電位を求めることによって計算できる。導体球殻Aの表面上の電荷が点Oに作る電位は，導体球殻Aの正味の電荷が0なので，0である。一方，点電荷BがOに作る電位は $k_0 \dfrac{Q_0}{r}$ である。

よって，

$$V_A = 0 + k_0 \frac{Q_0}{r} = k_0 \frac{Q_0}{r}_{\text{コ}}$$

ア—(i), イ—(g), ウ—(f), エ—(c), オ—(c), カ—(h), キ—(e), ク—(a), ケ—(k), コ— $k_0 \dfrac{Q_0}{r}$

以下の文章中の□□□に適切な数式または数値を記入しなさい。ただし，解答に使える物理量は，V, Q, d_1, d_2だけとする。

図1のように，極板A, Bで構成された平行板コンデンサーがスイッチと抵抗を通して起電力$V(V > 0)$の電池に接続されている。極板Aは動かすことができるが極板Bは固定されている。極板A, Bの間隔はdで，dが変化しても極板Aは極板Bといつも平行に保たれている。x 軸の向きは図の矢印の方向にとり，極板間の電場は一様であるとする。

はじめに，極板間隔を$d = d_1$に固定し，スイッチを閉じて極板A, Bの電位差をVとした。このとき極板A, Bに蓄えられている電気量をそれぞれQ，$-Q$とし，この状態を状態Ⅰとする。極板Bに蓄えられた電荷が極板Aの位置に作る電場は極板間の電場の$\dfrac{1}{2}$である。また，電荷は自分自身が作る電場からは力を受けないことに注意すると，極板Aが電場から受ける力の x 成分は $\boxed{\text{（ア）}}$ である。

次に，スイッチを開き，極板Aに外力を加えながら$d = d_2$までゆっくり動かした。この状態を状態Ⅱとする。状態Ⅰから状態Ⅱまでの過程で，極板A, Bに蓄えられた電気量は一定である。したがって，この過程で外力がした仕事は$W_{Ⅰ-Ⅱ}^{\text{外力}} = \boxed{\text{（イ）}}$である。一方，極板A, Bの電位差は$V$から$V_2 = \boxed{\text{（ウ）}}$に変化した。したがって，状態Ⅰ，Ⅱでコンデンサーに蓄えられている静電エネルギーをそれぞれ$U_Ⅰ, U_Ⅱ$とすると，$U_Ⅱ - U_Ⅰ = \boxed{\text{（エ）}}$である。

続いて，極板間隔を$d = d_2$に固定し，スイッチを閉じて極板A, Bの電位差をV_2から再びVとした。この状態を状態Ⅲとする。状態Ⅱから状態Ⅲまでの過程で，極板Aの電気量はQから$Q_3 = \boxed{\text{（オ）}}$に変化するので，電池がした仕事は$W_{Ⅱ-Ⅲ}^{\text{電池}} = V(Q_3 - Q)$である。一方，状態Ⅲでコンデンサーに蓄えられている静電エネルギーを$U_Ⅲ$とすると，状態Ⅱから状態Ⅲまでの過程で静電エネルギーは$U_Ⅲ - U_Ⅱ$だけ変化する。したがって，この過程で抵抗から発生するジュール熱の総計は$\boxed{\text{（カ）}}$である。

引き続き，スイッチを開き，極板Aに外力を加えながら$d = d_1$までゆっくり動かした。この状態を状態Ⅳとする。状態Ⅲから状態Ⅳまでの過程で外力

がした仕事を$W^{外力}_{III-IV}$とする。一方, 極板A, Bの電位差はVからV_4に変化した。最後に, 極板間隔を$d=d_1$に固定し, スイッチを閉じて極板A, Bの電位差をV_4からVとすると状態Iに戻る。この過程で電池がした仕事を$W^{電池}_{IV-I}$とする。

図は上で述べたサイクルを表し, 各状態の極板間隔, 極板A, Bの電位差, 極板A, Bの電気量を示している。このサイクルを1周した前後で, コンデンサーに蓄えられた静電エネルギーは変化しない。また, サイクルを1周する間に電池がした仕事の総計は$W^{電池}_{II-III}+W^{電池}_{IV-I}=$ (キ) であり, 外力がした仕事の総計は$W^{外力}_{I-II}+W^{外力}_{III-IV}$である。したがって, サイクルを1周する間に抵抗から発生するジュール熱の総計は (ク) である。

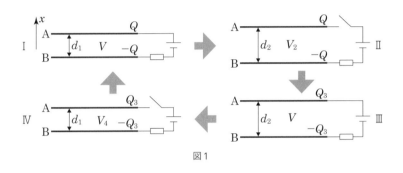

図1

[慶 應 義 塾 大 学]

┃ プ ラ チ ナ ポ イ ン ト ┃

コンデンサー回路を見たら電圧を求めてしまうことが有効です。コンデンサーの電気量もエネルギーも電場も, 電圧がわかれば求められます。コンデンサー回路の問題では「電圧を仮定したら(キルヒホッフの)電圧の法則と電荷保存の法則を使う」というのがパターンです。変化前と変化後で変わらないものは何かを考えるようにしましょう。たとえ面倒であっても, はじめのうちはこの手順に従って計算していくのがよいでしょう。慣れてくれば自然に暗算や比の関係を利用して計算できるようになります。

状態Ⅰにおいて，コンデンサーの静電容量をCとする。このとき，コンデンサーの性質から，

$$Q = CV \quad \cdots(2.1)$$

コンデンサーの極板間に生じる電場の強さEは，

$$E = \frac{V}{d_1}$$

であるが，これは極板Aの電荷$+Q$が作った電場と極板Bの電荷$-Q$が作った電場が合成されたものであり，$+Q$と$-Q$はそれぞれ同じ強さの電場を作っているので，それぞれの電荷が極板間に作り出している電場の強さは，

$$\frac{1}{2}E = \frac{V}{2d_1}$$

極板Aの電荷$+Q$は自分が作った電場から力を受けるはずがなく，$+Q$が受けるのは極板Bの電荷$-Q$が作った電場からの力を受けるはずで，そのx成分は，

$$(+Q) \times \left(-\frac{1}{2}E\right) = -\frac{QV}{2d_1} \, {}_{(ア)}$$

> 電場の向きは
> 「正電荷から負電荷」です。

状態Ⅰから状態Ⅱへの変化ではスイッチを開きながら極板間隔を変えたため，**コンデンサーの電気量は変化しない**。コンデンサーの静電容量C_2は，極板間隔がd_2になったので，極板の面積をS，極板間の物質の誘電率をεとすると，

$$C = \varepsilon\frac{S}{d_1}, \, C_2 = \varepsilon\frac{S}{d_2}$$

$$\therefore \quad C_2 = \frac{d_1}{d_2}C$$

このことを考慮すると，状態Ⅱでのコンデンサーの電圧V_2は式(2.1)から，

$$Q = C_2V_2 = \frac{d_1}{d_2}CV_2 = CV$$

$$\therefore \quad V_2 = \frac{d_2}{d_1}V_{(\text{ウ})}$$

これを利用すると，コンデンサーの静電エネルギーの変化量$U_{\text{II}} - U_{\text{I}}$は，

$$U_{\text{II}} - U_{\text{I}} = \frac{1}{2}C_2V_2^2 - \frac{1}{2}CV^2 = \frac{1}{2} \cdot \frac{d_1}{d_2}C\left(\frac{d_2}{d_1}V\right)^2 - \frac{1}{2}CV^2$$

$$= \frac{1}{2} \cdot \frac{d_2 - d_1}{d_1}CV^2 = \frac{d_2 - d_1}{2d_1}QV_{(\text{エ})}$$

この変化において，コンデンサーの静電エネルギーを変化させたものは外力による仕事だけなので，**この過程で外力がした仕事$W_{\text{I}-\text{II}}^{\text{外力}}$は$U_{\text{II}} - U_{\text{I}}$に等しく，**

$$W_{\text{I}-\text{II}}^{\text{外力}} = U_{\text{II}} - U_{\text{I}} = \frac{d_2 - d_1}{2d_1}QV_{(\text{イ})}$$

この値は極板間隔を広げるために極板Aに作用した外力の強さ（＝極板Aが電場から受ける力の強さ）と極板Aの移動距離（＝極板間隔の差）の積に等しい。

状態IIIでのコンデンサーの静電容量C_3はC_2に等しいので，

$$Q_3 = C_3V = \frac{d_1}{d_2}CV = \frac{d_1}{d_2}Q_{(\text{オ})}$$

状態IIから状態IIIへの変化の過程では，電池を通って極板Aに$Q_3 - Q$の電荷が供給されたことになるので，起電力Vの電池がした仕事$W_{\text{II}-\text{III}}^{\text{電池}}$は$V(Q_3 - Q)$であるが，

$$W_{\text{II}-\text{III}}^{\text{電池}} = V(Q_3 - Q) = V\left(\frac{d_1}{d_2}Q - Q\right)$$

$$= \frac{d_1 - d_2}{d_2}QV$$

> 電池がした仕事の大きさは
> （起電力の大きさ）×
> （通過した電気量）です。

一方，この変化でのコンデンサーの静電エネルギーの変化量$U_{\text{III}} - U_{\text{II}}$は，

$$U_{\text{III}} - U_{\text{II}} = \frac{1}{2}C_3V_3^2 - \frac{1}{2}C_2V_2^2$$

$$= \frac{1}{2} \cdot \frac{d_1}{d_2}CV^2 - \frac{1}{2} \cdot \frac{d_1}{d_2}C\left(\frac{d_2}{d_1}V\right)^2 = \frac{1}{2} \cdot \frac{d_1^2 - d_2^2}{d_1d_2}QV$$

この過程では**電池が回路に供給したエネルギー（電池がした仕事）がコンデンサーの静電エネルギーと抵抗で発生するジュール熱になる**ことを考慮すると，求めるジュール熱 q は，

$$V(Q_3 - Q) = (U_{\text{III}} - U_{\text{II}}) + q$$

$$\therefore \quad q = V(Q_3 - Q) - (U_{\text{III}} - U_{\text{II}}) = \frac{d_1 - d_2}{d_2}QV - \frac{d_1{}^2 - d_2{}^2}{2d_1 d_2}QV$$

$$= \frac{(d_1 - d_2)^2}{2d_1 d_2}QV_{(\text{カ})}$$

状態Ⅲから状態Ⅳへの変化ではスイッチを開きながら極板間隔を変えたため，状態Ⅳでの極板Aの電気量 Q_4 は変化せず Q_3 に等しい。状態Ⅳでのコンデンサーの静電容量 C_4 は C に等しいので，式(2.1)を用いて，

$$Q_3 = C_4 V_4 = CV_4 = \frac{d_1}{d_2}Q$$

$$\therefore \quad V_4 = \frac{d_1}{d_2 C}Q = \frac{d_1}{d_2}V$$

この過程でのコンデンサーの静電エネルギーの変化は，

$$\frac{1}{2}C_4 V_4{}^2 - \frac{1}{2}C_3 V_3{}^2 = \frac{1}{2}C\left(\frac{d_1}{d_2}V\right)^2 - \frac{1}{2}\cdot\frac{d_1}{d_2}CV^2 = \frac{d_1(d_1 - d_2)}{2d_2{}^2}QV$$

この過程では抵抗でジュール熱が発生しないので，**コンデンサーの静電エネルギーの変化分が外力がした仕事 $W_{\text{III}-\text{IV}}^{\text{外力}}$ に等しく**，

$$W_{\text{III}-\text{IV}}^{\text{外力}} = \frac{d_1(d_1 - d_2)}{2d_2{}^2}QV$$

状態Ⅳから状態Ⅰに変化する間の極板Aの電気量の変化は，

$$Q - Q_4 = Q - \frac{d_1}{d_2}Q = \frac{d_2 - d_1}{d_2}Q$$

このことから，この過程で電池がした仕事 $W_{\text{IV}-\text{I}}^{\text{電池}}$ は，

$$W_{\text{IV}-\text{I}}^{\text{電池}} = V(Q - Q_4) = \frac{d_2 - d_1}{d_2}QV$$

よって，

$$W_{\text{II}-\text{III}}^{\text{電池}} + W_{\text{IV}-\text{I}}^{\text{電池}} = \frac{d_1 - d_2}{d_2}QV + \frac{d_2 - d_1}{d_2}QV = \underline{0}_{(\text{キ})}$$

$$W_{\text{I}-\text{II}}^{\text{外力}} + W_{\text{III}-\text{IV}}^{\text{外力}} = \frac{d_2 - d_1}{2d_1}QV + \frac{d_1(d_1 - d_2)}{2d_2^2}QV = \frac{(d_2 - d_1)(d_2^2 + d_1^2)}{2d_1 d_2^2}QV$$

この電気回路のエネルギー収支を考えると，回路は1サイクルの間に**電池の仕事として得たエネルギーと外力による仕事としてエネルギーをジュール熱として放出している**はずなので，1サイクルの間に抵抗から発生するジュール熱の総計は，

$$(W_{\text{II}-\text{III}}^{\text{電池}} + W_{\text{IV}-\text{I}}^{\text{電池}}) + (W_{\text{I}-\text{II}}^{\text{外力}} + W_{\text{III}-\text{IV}}^{\text{外力}}) = \frac{(d_2 - d_1)^2(d_2 + d_1)}{2d_1 d_2^2}QV_{(\mathit{ク})}$$

次の文章を読み，文章中の　　　　に入る最も適当な式，または数値を答えよ。

図1のように，抵抗値がR, $2R$, $3R$の3個の抵抗，電気容量がCの2個のコンデンサー，内部抵抗の無視できる起電力$6V_0$の電池，およびスイッチS_1, S_2, S_3からなる回路がある。はじめ，2個のコンデンサーには電荷は蓄えられておらず，全てのスイッチは開いている。回路中の点Oの電位を0とする。

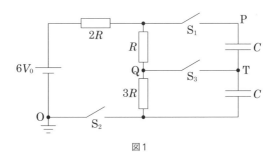

図1

図1の状態からスイッチS_1を閉じたのち，スイッチS_2を閉じた（図2）。スイッチS_2を閉じた直後に，点Qを流れた電流の大きさは　イ　で，点Tを流れた電流の大きさは　ロ　である。また，スイッチS_2を閉じてから十分に時間が経過したときに，点Qを流れている電流の大きさは　ハ　で，点Tの電位は　ニ　である。

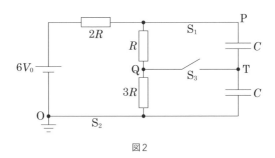

図2

続いて，図2の状態からスイッチS_2を閉じたままスイッチS_1を開いたのち，スイッチS_3を閉じて，十分に時間が経過した（図3）。図3の点Pの電位は　ホ　である。

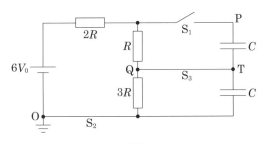

図3

次に，図3の状態からスイッチS_3を開いたのち，スイッチS_1を再び閉じて，十分に時間が経過した（図4）。図4で点Pの電位は　ヘ　であり，2個のコンデンサーの点T側の全電荷は　ト　である。また，点Tの電位は　チ　である。

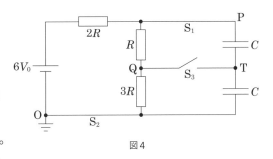

図4

さらに，図4の状態からスイッチS_2を開いて十分に時間が経過した（図5）。図5の点Qの電位は　リ　であり，点Pと点Tの電位差は　ヌ　である。

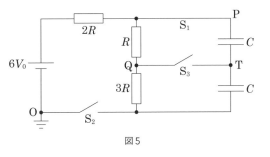

図5

［東京慈恵会医科大学］

┃ プラチナポイント ┃

コンデンサーは電圧を，抵抗は電流を仮定して立式するのがよいでしょう。慣れると暗算できるようになります。電気回路では意外とスイッチが強敵になることがあります。電気回路も「中では荷電粒子が移動している」ということ考えるとよいかもしれません。コンデンサーは電気を蓄える素子ですが，電気を蓄えるまでには時間がかかります。また，十分に時間が経つと電流を止めてしまうという性質をもった素子であるといえます。電流が常に流れないというわけではないので「常に電流を止めてしまうもの」と覚えてはいけません。

図2の回路において，下図のように抵抗を流れる電流をI, i, j，2つのコンデンサーにかかる電圧をV, vとおく。3つの抵抗にかかる電圧はオームの法則からそれぞれ

$$2RI, Ri, 3Rj \quad \Longleftarrow \boxed{\text{抵抗の電圧は(抵抗値)×(電流)です(オームの法則)。}}$$

これを用いて**電圧の関係式**(キルヒホッフの第2法則の式)を立てると，

電池→2R→R→3R→電池：$6V_0 - 2RI - Ri - 3Rj = 0$ …(3.1)

電池→2R→C→C→電池：$6V_0 - 2RI - V - v = 0$ …(3.2)

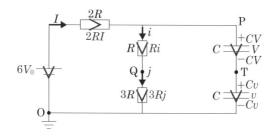

2つのコンデンサーの点Tにつながっている部分の**電荷保存**から，

$$-CV + Cv = 0 \quad \cdots (3.3)$$

点Qにおける**電流の関係式**(キルヒホッフの第2法則の式)を立てると，

$$i = j \quad \cdots (3.4)$$

ここまではいつでも成り立つ関係であるが，特に**スイッチS_2を閉じた直後はコンデンサーの電荷がまだ変化していない**，すなわちコンデンサーの電荷が0であるとみなせるので，

$$CV = Cv = 0 \quad \cdots (3.5)$$

式(3.1)〜(3.5)を連立すると，

$$I = \frac{3V_0}{R}, \ i = j = 0, \ V = v = 0$$

よって，このときに点Qを流れた電流はiもしくはjであるから$\underline{0}_{イ}$であり，2Rを通った電流はすべてコンデンサーの方に流れていくことがわかる。つまり，点Tを流れる電流はIと等しく，$\underline{\dfrac{3V_0}{R}}_{\square}$である。

スイッチS_2を閉じてから十分に時間が経過すると，**コンデンサーの充電が終わり，コンデンサーの部分を流れる電流は0になる（すなわち，コンデンサーは電流を止める）**。つまり$2R$を通った電流は，コンデンサーの方にはまったく流れず，Rの方に流れていくことになるので，

$$I=i \quad \cdots(3.6)$$

式(3.1)〜(3.4)と式(3.6)を連立すると，スイッチS_2を閉じてから十分に時間が経過すると，

$$I=i=j=\frac{V_0}{R}, V=v=2V_0$$

よって，このときに点Qを流れた電流はiもしくはjであるから$\frac{V_0}{R}$であり，点Oから点Tに至る間にコンデンサーを通過することを考えると，点Tの電位はvに等しく$2V_0$である。

図3の回路について電圧の関係式を立てると，

電池$\to 2R \to R \to 3R \to$電池：$6V_0-2RI-Ri-3Rj=0 \quad \cdots(3.7)$

$3R \to C \to 3R：3Rj-v=0 \quad \cdots(3.8)$

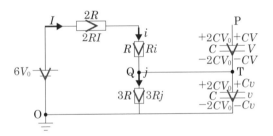

PT間のコンデンサーには電荷が出入りできないので，このコンデンサーはスイッチを切り替える前の電荷を保持しており，電荷と比例する電圧も変わらない。すなわち，

$$V=2V_0 \quad \cdots(3.9)$$

$2R$を通った電流はRに向かって流れていくしかないので，

$$I=i \quad \cdots(3.10)$$

スイッチを切り替えてから十分に時間が経過しているならば，2つのコンデンサーが電流を止めている状態なので，点Tを流れる電流があるとすれば2つのコンデンサーが電流を止めていることと矛盾するた

めに QT 間には電流が流れない。このことから，

$$i=j \quad \cdots(3.11)$$

式 $(3.7)〜(3.11)$ より，

$$I=i=j=\frac{V_0}{R}, \ V=2V_0, \ v=3V_0$$

点 O から点 P に至る間に 2 つのコンデンサーを通過することを考えると，点 P の電位は $V+v$ に等しく $\underline{5V_0}$ ホ である。

図 4 の状態にする直前に 2 つのコンデンサーに $2CV_0, 3CV_0$ の電荷が蓄えられていたことに注意する。図 4 の回路について電圧の関係式を立てると，

電池 $→2R→R→3R→$ 電池： $6V_0-2RI-Ri-3Rj=0 \quad \cdots(3.12)$

電池 $→2R→C→C→$ 電池： $6V_0-2RI-V-v=0 \quad \cdots(3.13)$

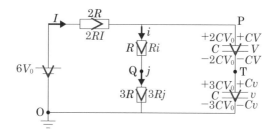

点 T とつながっているコンデンサーの極板における電荷保存から，

$$-CV+Cv=-2CV_0+3CV_0 \quad \cdots(3.14)$$

スイッチを切り替えてから十分に時間が経過しているならば，2 つのコンデンサーが電流を止めている状態なので，

$$I=i=j \quad \cdots(3.15)$$

式 $(3.12)〜(3.15)$ から，

$$I=i=j=\frac{V_0}{R}, \ V=\frac{3}{2}V_0, \ v=\frac{5}{2}V_0$$

このことから，このときの点 P の電位は，

$$V+v=\underline{4V_0}へ$$

2 個のコンデンサーの点 T 側の全電荷は，式 (3.14) から，

$$-CV+Cv=\underline{CV_0}ト$$

点Tの電位は,

$$v = \frac{5}{2}V_0 チ$$

図5の回路について電圧の関係式を立てると,

$$R \rightarrow 3R \rightarrow C \rightarrow C \rightarrow R : Ri + 3Rj - V - v = 0 \quad \cdots(3.16)$$

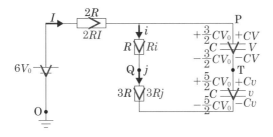

2個のコンデンサーの点T側の全電荷は外部に出入りできないので, この部分についての電荷保存から,

$$-CV + Cv = CV_0 \quad \cdots(3.17)$$

スイッチを切り替えてから十分に時間が経過しているならば, 2つのコンデンサーが電流を止めている状態であり, この回路は抵抗を流れる電流があれば, 必ずコンデンサーに出入りする形になっているので, 抵抗に流れる電流も0である。

$$I = i = j = 0 \quad \cdots(3.18)$$

式(3.16)～(3.18)から,

$$V = -\frac{1}{2}V_0, \; v = \frac{1}{2}V_0$$

点Oから点Qに至る間に電池と2つの抵抗を通ることを考えると, 点Qの電位は $6V_0 - 2RI - Ri$ に等しく, $\underline{6V_0 リ}$ である。点Pと点Tの電位差は, その2点に挟まれている素子にかかる電圧に等しく, ここでは $|V|$ に

等しい。すなわち $\underline{\frac{1}{2}V_0 ヌ}$ である。

> 電圧と電位差は同じものだと思って構いません。

次の文章を読んで, 以下の設問に答えよ。解答は問題文中で与えられた物理量のみを用いて表せ。「金属板A」, 「金属板B」, 「金属板C」及び「金属板D」の厚さは無視できるものとする。

図1のように長さL, 幅Wの2枚の金属板A, Bを電圧Vの電池とスイッチSにつないだ。金属板A, Bは距離dだけ離れて平行に向かい合わせて置かれている。はじめにスイッチSを閉じてじゅうぶんな時間をおいた。金属板間には金属板に垂直で一様な電場が生じ, 金属板間以外の電場は無視できるものとする。金属板間は真空とし, 真空の誘電率をε_0とする。

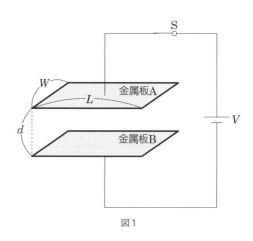

図1

1 金属板A上の電荷量を求めよ。
2 金属板AB間の電場の大きさを求めよ。

図2は, 図1の金属板A, Bの端にスクリーンを追加して横から見た図である。図2のように, 原点Oをとり, 金属板に平行にx軸を, 垂直にy軸をとる。スクリーンは$x = L$に置かれている。正の電荷qをもつ質量mの粒子をx軸正方向に速さv_0で原点Oから射出したところ, 金属板に衝突することなく, 金属板間を通ってスクリーンに到達した。粒子およびスクリーンは金属板AB間の電場に影響を与えず, また重力の影響は無視できるものとする。

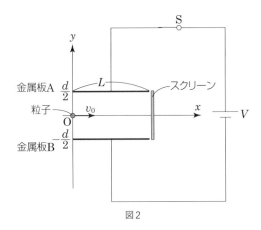

図2

3 粒子がスクリーン上に到達した位置の y 座標を求めよ。

4 図2において，紙面に対して垂直に表から裏の方向へ一様な磁場を加えた。
3 と同じ粒子を x 軸正方向に速さ v_0 で原点Oから射出したところ，粒子は x 軸上を直線運動しスクリーンに到達した。この時の磁束密度の大きさを求めよ。

次に，磁場を加えるのをやめて，図3のように，長さ L ，幅 W の2枚の金属板C,Dを図2の回路に加えた。金属板C, Dは距離 d だけ離れて平行に置かれている。このとき金属板A, B, C, D上の電荷はないものとする。そしてスイッチSを閉じてじゅうぶんな時間をおいた。

その後，以下の(ア)と(イ)の2つの手順にしたがい，図4のように金属板CD間を帯電していない誘電率 ε の誘電体で満たす場合を考える。金属板C, Dと誘電体表面との間隔は極めて狭いとする。誘電体で満たしてじゅうぶんな時間が経過した後，正の電荷 q をもつ質量 m の粒子を x 軸正方向に速さ v_0 で原点Oから射出したところ，金属板A, Bに衝突することなくスクリーンに到達した。

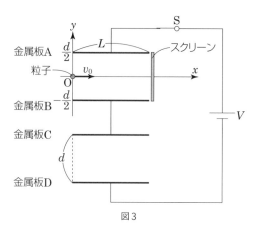

図3

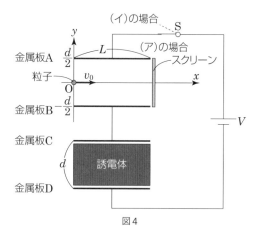

図4

（ア）の場合：

スイッチSを閉じたまま金属板CD間を誘電体で満たした場合。

5 金属板A上の電荷量を求めよ。

6 粒子がスクリーン上に到達した位置のy座標の値は **3** で求めたy座標の値の何倍になるか求めよ。

（イ）の場合：

スイッチSを開いてから金属板CD間を誘電体で満たした場合。

7 粒子がスクリーン上に到達した位置のy座標の値は **3** で求めたy座標の値の何倍になるか求めよ。

［名 古 屋 大 学］

┃ プラチナポイント ┃

荷電粒子には電場からの力と磁場からの力が作用します。荷電粒子が磁場から受ける力（ローレンツ力）の働き方を覚えましょう。ローレンツ力は大きさだけではなく向きにも注意が必要です。また，ローレンツ力を受けた荷電粒子の運動の軌跡は本問のような直線軌道になるか，さもなくば円運動がらみの軌道になることも覚えておくとよいでしょう。「誘電率」と「比誘電率」は使い方が異なるので，問題をよく読む注意力も必要です。

1 金属板の面積はWL, 金属板どうしの間隔はdであるので, このコンデンサーの静電容量Cは,

$$C=\varepsilon_0\frac{WL}{d}$$

このコンデンサーに電圧Vがかかっており, 金属板Aは高電位側の極板になっているので, 求める電荷量は,

$$+CV=+\varepsilon_0\frac{WL}{d}V$$

2 金属板ABの間にはAからBの向きに電場が生じており, その大きさEは,

$$E=\frac{V}{d}\quad\cdots(4.1)$$

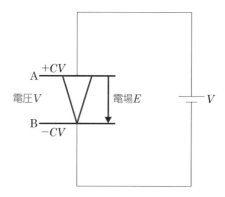

3 粒子はABでは電場からに力を受ける. その大きさは式(4.1)から,

$$qE=q\frac{V}{d}$$

であり, その向きは電荷が正であることと電場が$-y$方向向きであることから, $-y$方向向きである.
このことから, 粒子に生じる$+y$方向の加速度aは, 運動方程式から,

$$ma=-q\frac{V}{d}$$

$$\therefore \quad a = -\frac{qV}{md} \quad \cdots (4.2)$$

a は一定値なので，この方向の動きは等加速度運動であることがわかる。

粒子には x 軸方向の力は作用しないので，この向きには等速直線運動を行う。このことから粒子が射出されてからスクリーンに達するまでの時間 t は，

$$t = \frac{L}{v_0} \quad \cdots (4.3)$$

式 $(4.2)(4.3)$ から，求める y 座標は，

$$y = \frac{1}{2}at^2 = \frac{1}{2}\left(-\frac{qV}{md}\right)\left(\frac{L}{v_0}\right)^2 = -\frac{qVL^2}{2mdv_0^2}$$

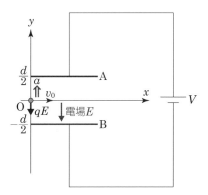

4 **3** での考察から，粒子に $+y$ 方向向きで $q\dfrac{V}{d}$ の大きさのローレンツ力

が作用するようにすればよい。求める磁束密度を B とすると，

$$qv_0B = q\frac{V}{d}$$

$$\therefore \quad B = \frac{V}{v_0d}$$

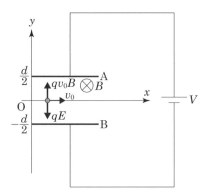

5 金属板ABからなるコンデンサーの静電容量Cは$\varepsilon_0\dfrac{WL}{d}$であり，金属板

CDからなるコンデンサーの静電容量C'は$\varepsilon\dfrac{WL}{d}$である。金属板ABか

らなるコンデンサー，金属板CDからなるコンデンサーにかかる電圧

をそれぞれV_1, V_2とすると，回路全体としての電圧の関係式から，

$$V-V_1-V_2=0 \quad\cdots(4.4)$$

金属板BとCをつないでいる部分についての電荷保存から，

$$-CV_1+C'V_2=0 \quad\cdots(4.5)$$

式(4.4)(4.5)から，

$$V_1=\frac{C'}{C+C'}V=\frac{\varepsilon}{\varepsilon_0+\varepsilon}V$$

このことから，金属板A上の電荷量は，

$$+CV_1=+\varepsilon_0\frac{WL}{d}\cdot\frac{\varepsilon}{\varepsilon_0+\varepsilon}V=+\frac{\varepsilon_0\varepsilon}{\varepsilon_0+\varepsilon}\cdot\frac{WLV}{d}$$

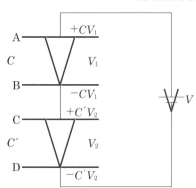

6 このときの金属板ABの間に生じている電場は$-y$方向向きで，その大きさE_1は，

$$E_1 = \frac{V_1}{d} = \frac{\varepsilon}{\varepsilon_0 + \varepsilon} \cdot \frac{V}{d}$$

このことから，粒子に生じる$+y$方向向きの加速度a_1は，

$$ma_1 = -qE_1 = -\frac{\varepsilon}{\varepsilon_0 + \varepsilon} \cdot \frac{qV}{d}$$

$$\therefore \quad a_1 = -\frac{\varepsilon}{\varepsilon_0 + \varepsilon} \cdot \frac{qV}{md}$$

これを関係式$y = \frac{1}{2} a_1 t^2$に代入することを考えると，求める倍率は$\frac{a_1}{a}$に等しいことがわかるので，式(4.2)を用いて，

$$\frac{a_1}{a} = \frac{\varepsilon}{\varepsilon_0 + \varepsilon} [倍]$$

7 誘電体を挿入する前は電池と静電容量Cのコンデンサー2つが直列につながれた回路であり，金属板ABからなるコンデンサー，金属板CDからなるコンデンサーにかかる電圧をそれぞれV_1, V_2とすると，回路全体としての電圧の関係式から，

$$V - V_1 - V_2 = 0 \quad \cdots (4.6)$$

金属板BとCをつないでいる部分についての電荷保存から，

$$-CV_1 + CV_2 = 0 \quad \cdots (4.7)$$

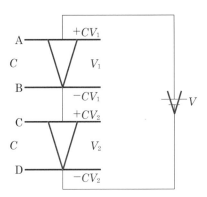

式(4.6)(4.7)から,

$$V_1 = V_2 = \frac{1}{2}V$$

この後にスイッチSを開くが, スイッチを開くと金属板Aや金属板Dの電荷量は変化しなくなる。つまり, スイッチSを開いた後で金属板CD間を誘電体で満たしても, 金属板ABに帯電した電荷量は変化しない。コンデンサーの電荷量は電圧と比例するので, 金属板ABからなるコンデンサーにかかる電圧も変化せず$V_1 = \frac{1}{2}V$のままになる。

このときの金属板AB間に生じている電場は$-y$方向向きで, その大きさE_2は,

$$E_2 = \frac{V_1}{d} = \frac{V}{2d}$$

このことから, 粒子に生じる$+y$方向向きの加速度a_2は,

$$ma_2 = -qE_2 = -\frac{qV}{2d}$$

$$\therefore \quad a_2 = -\frac{qV}{2md}$$

よって, ■6■と同様に, 求める倍率は$\frac{a_2}{a}$に等しいことがわかるので, 式(4.2)を用いて,

$$\frac{a_2}{a} = \frac{1}{2} \,[倍]$$

磁界および電界の影響を受け, xy 平面内を運動する正の電荷 q をもった質量 m の荷電粒子を考える。図のように, 領域1($y>0$)では磁束密度の大きさ B の一様な磁界が xy 平面に対して垂直(紙面裏から表の向き)にかかっており, 領域2($y<0$)では一様な電界 E が y 軸の正の方向にかかっている。荷電粒子を点A$(0, L)$ より y 軸の正方向に速さ v で打ち出した後の運動について, 以下の問いに答えよ。重力の影響は無視してよい。

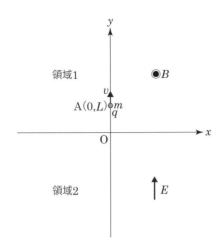

1 荷電粒子が領域1内で受けるローレンツ力の大きさを求めよ。
2 荷電粒子が領域1内のみで運動し続けるために L が満たすべき条件を求めよ。
3 **2** の条件を満たす運動の周期を求めよ。

次に, 荷電粒子を点A$_0(0, L_0)$ から打ち出したところ, 荷電粒子は x 軸を通過して領域2に入射した。このとき, 領域2への入射角度は x 軸に対して45°であり, 荷電粒子はその後, 領域2から再び領域1に入射した。

4 このときの L_0 を求めよ。
5 荷電粒子を打ち出してから, x 軸を通過するまでの時間を求めよ。
6 荷電粒子が, 同じ軌道上を繰り返し運動し続けるために必要な電界の強さ E_1 およびその運動の周期 T_1 を求めよ。

7 電界の強さが$E_2(E_2 < E_1)$のとき，荷電粒子は領域2を1回だけ通過した後，$x < 0$で領域1に入射して点A_0を通過した。

（ア）　このときの電界の強さE_2を求めよ。

（イ）　荷電粒子が点A_0から打ち出されてから，領域2に3回入射するまでの軌道の概略図を示せ。

8 電界の強さが$E_3(E_2 \leqq E_3 < E_1)$のとき，荷電粒子は領域2をn回通過した後，点A_0を通った。電界の強さE_3を求めよ。

[横 浜 市 立 大 学]

| プラチナポイント |

「電場の力を受ける荷電粒子の運動は等加速度運動」「ローレンツ力を受ける荷電粒子の運動は等速円運動」と連想できるようにしておきましょう。「電場の力だけを受けるとき」「ローレンツ力だけを受けるとき」「電場の力とローレンツ力の両方を受けるとき」に場合分けして考えれば難しい問題ではありません。難しい問題は場合分けして考えることで突破口が見えることは多々あります。横着して一気に答えを出そうとすると間違えるようにわざと条件設定がされていることがよくあります。

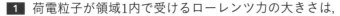
1 荷電粒子が領域1内で受けるローレンツ力の大きさは,

$$qvB$$

荷電粒子はこの力を向心力として等速円運動をしようとする。

2 荷電粒子が領域1内で行おうとする等速円運動の半径 r は,

$$qvB = m\frac{v^2}{r}$$

$$\therefore \quad r = \frac{mv}{qB}$$

その円軌道の中心の座標は, ローレンツ力が作用する方向を考えると (r, L) である。以上のことを考えると, $L-r>0$ でなければ円軌道の一部が領域2にまで侵入してしまうことがわかるので, 求める条件は,

$$L-r>0$$

$$\therefore \quad L > \frac{mv}{qB}$$

3 **2** の条件を満たすとき, 荷電粒子は半径 r, 速さ v の等速円運動を行うので, その周期は,

$$\frac{2\pi r}{v} = \frac{2\pi m}{qB}$$

4 荷電粒子の運動軌道が次図のようになることを考えると, 円軌道の中心の座標が (r, L_0) であることに注目して,

$$L_0 = \frac{1}{\sqrt{2}}r = \frac{mv}{\sqrt{2}\,qB}$$

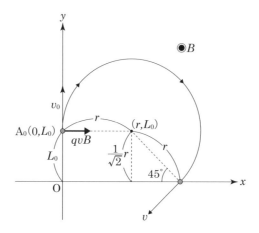

5 円運動の中心角が $225°$ だけ回転するのにかかった時間と解釈すると，**3**の結果を用いて，

$$\frac{2\pi m}{qB} \times \frac{225}{360} = \frac{5\pi m}{4qB}$$

6 荷電粒子の軌道が下図のようになる場合を考える。

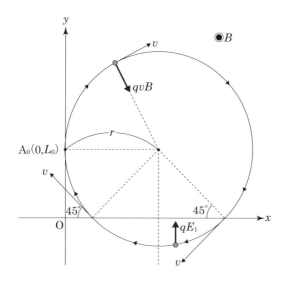

領域2では荷電粒子は電場からの力を受ける。その向きは $+y$ 方向向きで，大きさは qE_1 である。荷電粒子が領域2に入射するときの速度の y

成分は,

$$-v\cos45° = -\frac{1}{\sqrt{2}}v$$

領域2を通過するときに荷電粒子に生じる加速度の y 成分 a は,

$$ma = qE_1$$

$$\therefore \quad a = \frac{qE_1}{m}$$

このことから, 荷電粒子が領域2に侵入してから領域1に戻るまでの時間 τ は, 等加速度運動の関係から,

$$-v\cos45° + a\tau = +v\cos45°$$

$$\therefore \quad \tau = \frac{2v\cos45°}{a} = \frac{\sqrt{2}\,mv}{qE_1} \quad \cdots(5.1)$$

一方, 領域1での荷電粒子の運動は等速円運動で, 中心角が270°分回転する運動に対応することを考えると, この運動にかかる時間 t は,

$$t = \frac{2\pi m}{qB} \times \frac{270}{360} = \frac{3\pi m}{2qB}$$

このことから, この運動の周期 T_1 は,

$$T_1 = \tau + t = \frac{\sqrt{2}\,mv}{qE_1} + \frac{3\pi m}{2qB} \quad \cdots(5.2)$$

ところで, ここで考えている場合には荷電粒子が領域2から脱出する位置と荷電粒子が領域1に侵入する位置が一致する必要がある。このことと (5.1) 式, および領域2での荷電粒子の速度の x 成分が

$-v\sin45° = -\dfrac{1}{\sqrt{2}}v$ であることを考えると,

$$\frac{1}{\sqrt{2}}v\tau = \sqrt{2}\,r$$

$$\therefore \quad \frac{mv^2}{qE_1} = \sqrt{2}\,\frac{mv}{qB}$$

$$\therefore \quad E_1 = \frac{vB}{\sqrt{2}}$$

これを式 (5.2) に代入して E_1 を消去すると,

$$T_1 = \frac{2m}{qB} + \frac{3\pi m}{2qB} = \underline{\underline{\frac{(4+3\pi)m}{2qB}}}$$

7 荷電粒子の軌道が下図のようになる場合を考える。

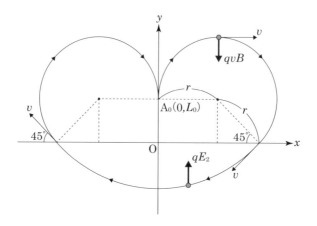

（ア）**6** と同様に，荷電粒子が領域2から脱出する位置と荷電粒子が領域1に侵入する位置が一致することを考えると，荷電粒子が領域2に侵入してから領域1に戻るまでの時間は $\dfrac{\sqrt{2}\,mv}{qE_2}$ であるから，

$$\frac{1}{\sqrt{2}}v \times \frac{\sqrt{2}\,mv}{qE_2} = (\sqrt{2}+2)r$$

$$\therefore \quad \frac{mv^2}{qE_2} = \frac{(\sqrt{2}+2)mv}{qB}$$

$$\therefore \quad E_2 = \underline{\underline{\frac{vB}{\sqrt{2}+2}}}$$

（イ）この場合の荷電粒子の運動の軌道は次ページの図のようになる。

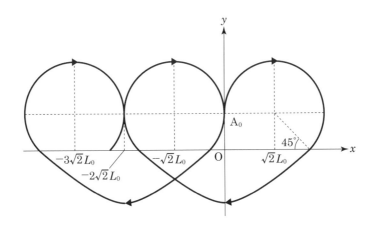

8 **6** **7** での考察から，荷電粒子が領域2を1回通過するごとに領域2に

侵入する位置の座標が $-x$ 方向に $\dfrac{1}{\sqrt{2}}v \times \dfrac{\sqrt{2}\,mv}{qE_3} - \sqrt{2}\,r$ ずつずれて，

このずれが $2r$ になったときに再び$\mathrm{A_0}$を通過することがわかり，この

ことから，

$$\left(\dfrac{1}{\sqrt{2}}v \times \dfrac{\sqrt{2}\,mv}{qE_3} - \sqrt{2}\,\dfrac{mv}{qB}\right)n = 2\dfrac{mv}{qB}$$

$$\therefore\quad E_3 = \dfrac{vB}{\sqrt{2}+\dfrac{2}{n}}$$

以下の文章中の $\boxed{(ア)}$ ～ $\boxed{(ク)}$ に適切な式を記入しなさい。

1) 図1のように，面積が S で同じ形の4枚の導体平板Ⅰ，Ⅱ，Ⅲ，Ⅳを互い
に平行に並べ，ⅠとⅢ，ⅡとⅣをそれぞれ導線で接続する。ⅠとⅡの間隔お
よびⅢとⅣの間隔は D，ⅡとⅢの間隔は d である。このような構造の電極を
櫛形電極という。平板の端や導線による電界の乱れは無視できるものとす
る。ⅠとⅢの電荷の合計と，ⅡとⅣの電荷の合計は，互いに逆符号で同じ大
きさである。導体平板間は真空であり，真空の誘電率を ε_0 とする。

ⅠのⅡに面した側の表面にある電荷を $Q\ (>0)$ とするとき，ⅠとⅡの間の
電界の大きさは $\boxed{(ア)}$ である。ⅡとⅢの間の電界の大きさは $\boxed{(イ)}$ である
から，ⅡのⅢに面した側の表面にある電荷は $\boxed{(ウ)}$ である。さらにⅢのⅣ
に面した側の表面にある電荷は $\boxed{(エ)}$ である。以上より，ⅠとⅢを一方の
極板とし，ⅡとⅣを他方の極板としたコンデンサーの電気容量は $\boxed{(オ)}$ と
なる。

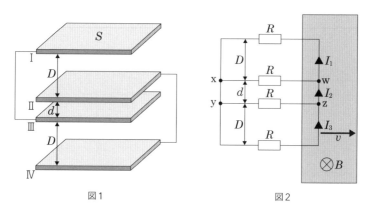

図1   図2

2) 図2のように，抵抗値 R の4個の抵抗を使って，長方形を組み合わせた
平面回路を作る。D と d は左右方向にのびた導線の間隔である。導線の抵抗
は無視できるものとする。灰色の領域には，紙面に垂直で表から裏に向か
う一様で一定な磁界が加えられている。その磁束密度の大きさを B とする。
回路を，形を保ったまま，紙面内で一定の速さ v で右向きに動かす。灰色の

領域に回路の右側部分のみが入っているとき，右端の導線の各部分を流れる電流を，図2のようにそれぞれ I_1, I_2, I_3 とする。ただし，下から上へ向かう向きを正とする。回路を流れる電流がつくる磁界は無視できるものとする。回路中の閉じた経路w→x→y→z→w（長方形wxyzの辺）について，誘導起電力と電圧降下の間の関係式は $\boxed{\quad(カ)\quad} = 0$ となる。他の経路についても同様の関係式を考えることにより，$I_1 = \boxed{\quad(キ)\quad}$，$I_2 = \boxed{\quad(ク)\quad}$ と求められる。ただし，（キ）と（ク）の解答には I_1, I_2, I_3 を使ってはならない。

[慶 應 義 塾 大 学]

| プラチナポイント |

前半はコンデンサー回路の問題です。2枚の平行導体板に挟まれた空間はコンデンサーとして機能します。後半は電磁誘導の法則の問題です。誘導起電力と導体内の荷電粒子に作用するローレンツ力の関係も考えてみるとよいでしょう。誘導起電力は電池に置きかえて考えるとよいでしょう。等価回路を描き，直流回路の問題として考察すればワンパターンな問題であるともいえます。前半と後半は回路の形が似ているというだけで，まったく関係ありません。

1) 平板ⅠとⅡで挟まれた空間からなるコンデンサーをC_1, 平板ⅡとⅢで挟まれた空間からなるコンデンサーをC_2, 平板ⅢとⅣで挟まれた空間からなるコンデンサーをC_3とし, 静電容量をそれぞれC_1, C_2, C_3とする。

$$C_1 = \varepsilon_0 \frac{S}{D}, \quad C_2 = \varepsilon_0 \frac{S}{d}, \quad C_3 = \varepsilon_0 \frac{S}{D} \quad \cdots (6.1)$$

この回路は下図に示す回路と同等であり, C_1, C_2, C_3にかかる電圧をそれぞれV_1, V_2, V_3とする。このときコンデンサーの性質から, 式(6.1)を用いて,

$$Q = C_1 V_1 = \varepsilon_0 \frac{S}{D} V_1$$

$$\therefore \quad V_1 = \frac{QD}{\varepsilon_0 S} \quad \cdots (6.2)$$

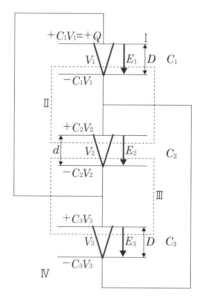

このことから, ⅠとⅡの間の電界(電場)はⅠからⅡの向きで, その大きさE_1は,

$$E_1 = \frac{V_1}{D} = \frac{Q}{\varepsilon_0 S} _{(\mathcal{T})}$$

電気回路の電圧の関係式から，
$$V_1 + V_2 = 0,\ V_2 + V_3 = 0$$
これらと式(6.2)から，
$$V_2 = -V_1 = -\frac{QD}{\varepsilon_0 S},\ V_3 = -V_2 = \frac{QD}{\varepsilon_0 S}$$
このことから，ⅡとⅢの間の電界はⅢからⅡの向きで，その大きさE_2は，
$$E_2 = \frac{|V_2|}{d} = \underline{\frac{QD}{\varepsilon_0 Sd}}_{(イ)}$$
$V_2 < 0$であることから，ⅡのⅢに面した側の表面には**負電荷**が帯電しており，その電荷量は，
$$C_2 V_2 = -\varepsilon_0 \frac{S}{d} \cdot \frac{QD}{\varepsilon_0 S} = \underline{-\frac{D}{d}Q}_{(ウ)}$$
$V_3 > 0$であることから，ⅢのⅣに面した側の表面には**正電荷**が帯電しており，その電荷量は，
$$C_3 V_3 = +\varepsilon_0 \frac{S}{D} \cdot \frac{QD}{\varepsilon_0 S} = \underline{+Q}_{(エ)}$$
ⅠとⅢを合わせて一方の極板とみなした場合，そのⅡ(あるいはⅣ)に対する電位は式(6.2)から，
$$V_1 = \frac{QD}{\varepsilon_0 S}$$
であり，ⅠとⅢに帯電している電気量の総和は，
$$Q - C_2 V_2 + C_3 V_3 = Q + \frac{D}{d}Q + Q = \frac{D+2d}{d}Q$$
つまり，全体として「$\dfrac{QD}{\varepsilon_0 S}$の電圧を掛けると$\dfrac{D+2d}{d}Q$の電荷を蓄えるコンデンサー」とみなすことができるので，その静電容量(電気容量)は，
$$\frac{\dfrac{(D+2d)Q}{d}}{\dfrac{QD}{\varepsilon_0 S}} = \underline{\frac{\varepsilon_0(D+2d)S}{Dd}}_{(オ)}$$

2) この回路は実質的に下図の回路と同等である。経路w→x→y→z→wについての電圧の関係式は

$$-Ri + Rj + vBd = 0$$

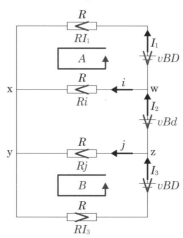

ここで, 点wにおける電流の関係から,

$$I_2 = i + I_1$$

さらに点zにおける電流の関係から,

$$I_3 = j + I_2$$

これらから,

$$-R(I_2 - I_1) + R(I_3 - I_2) + vBd = 0$$

$$\therefore \quad R(I_1 - 2I_2 + I_3) + vBd_{(カ)} = 0 \quad \cdots (6.3)$$

図の経路Aについての電圧の関係式を立てると,

$$-RI_1 + Ri + vBD = 0$$

$$\therefore \quad R(-2I_1 + I_2) + vBD = 0 \quad \cdots (6.4)$$

図の経路Bについての電圧の関係式を立てると,

$$-Rj - RI_3 + vBD = 0$$

$$\therefore \quad R(-2I_3 + I_2) + vBD = 0 \quad \cdots (6.5)$$

式(6.3)〜(6.5)から,

$$I_1 = \frac{vB(2D+d)}{2R}\,_{(キ)}, \quad I_2 = \frac{vB(D+d)}{R}\,_{(ク)}, \quad I_3 = \frac{vB(2D+d)}{2R}$$

以下の文章中の (ア) ～ (ケ) に適切な式を記入しなさい。

図1のように、2本の平行な導体のレールを同一水平面上に距離d隔てて固定する。その上に2本の導体棒を、導体棒1が導体棒2の右側になるように置く。導体棒1，導体棒2のそれぞれの質量はM_1, M_2，電気抵抗はR_1, R_2である。導体棒はレールに直交したまま、レールに沿って摩擦なしで動くことができる。磁束密度の大きさがBの一様な磁場を、紙面に垂直に表から裏に向かって加える。レールは十分に長く、導体棒がレールの端に達することはない。導体棒やレールを流れる電流が作る磁場は無視できる。また、レールの電気抵抗，およびレールと導体棒の接触点での電気抵抗は無視する。

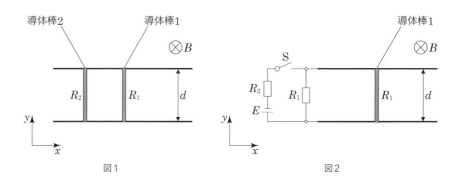

図1 図2

1) まず、導体棒2の位置を固定した場合を考える。導体棒1のx方向の速度がV_1のとき、導体棒1にはy方向に電流 (ア) が流れ、x方向に力 (イ) がはたらく。導体棒1で発生する単位時間あたりのジュール熱は、導体棒2でのそれの (ウ) 倍である。

ある時刻で導体棒1にx方向の速度$V_0(>0)$を与えたところ、導体棒1に流れる電流は次第に減少し、十分な時間が経過すると0となった。それまでの間に導体棒1で発生したジュール熱は (エ) である。

2) 次に、2つの導体棒がどちらも動く場合を考える。導体棒1，導体棒2のx方向の速度がそれぞれV_1, V_2のとき、導体棒1にはy方向に電流 (オ) が流れる。2つの導体棒にはたらく力は大きさが等しく、互いに逆向きなので

で, 運動量の保存則 $M_1 V_1 + M_2 V_2 = $ 一定, が成り立つ。

ある時刻で導体棒1に x 方向の速度 $V_0 (>0)$ を, 導体棒2に $-V_0$ を与えたところ, 導体棒1に流れる電流は次第に減少し, 十分な時間が経過すると0となった。このとき導体棒1の x 方向の速度は (カ) である。それまでの間に導体棒1で発生したジュール熱は (キ) である。

導体棒2を取り外し, 図2のように, 内部抵抗の無視できる起電力 E の電池, 抵抗値 R_1, R_2 の2つの抵抗, およびスイッチ S からなる回路をレールの左端に接続する。以下では, 回路を流れる電流によって生じる磁場は無視する。

3) 最初スイッチを開き, 導体棒1を静止させておく。ある時刻でスイッチを閉じると導体棒は動き始めた。導体棒1の x 方向の速度が V_1 のとき, 導体棒1には y 方向に電流 (ク) が流れる。その電流は次第に減少し, 十分な時間が経過すると0となった。このときの導体棒1の x 方向の速度は (ケ) である。

[慶應義塾大学]

| プラチナポイント |

典型的な電磁誘導の問題です。電磁誘導の問題は等価回路に書き直して考えれば難しくないです。電流の流れる向きと大きさがわかればローレンツ力の向きや強さもわかります。誘導起電力の向きとローレンツ力の向きの判断を間違えないようにしましょう。誘導起電力の電位は「電池とみなしたときにプラス極に対応する方が高電位側」です。間違えて抵抗に対応させて考えると電位の高低関係を逆に答えてしまうので, 注意しなければなりません。

1) この場合の等価回路は下図のようになる。この回路を流れる電流をIとして電圧の関係式をつくると，

$$V_1 Bd - R_1 I - R_2 I = 0$$

$$\therefore \quad I = \frac{V_1 Bd}{R_1 + R_2} \quad {}_{(ア)}$$

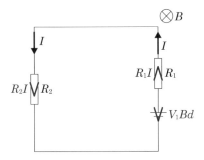

この電流によって導体棒1には$-x$方向向きのローレンツ力が働き，その大きさはBIdである。よって，そのx方向成分は，

$$-BId = -\frac{V_1 B^2 d^2}{R_1 + R_2} \quad {}_{(イ)}$$

この瞬間に導体棒1で発生する単位時間あたりのジュール熱（＝消費電力）は，

$$R_1 I^2 \quad \longleftarrow \boxed{\text{消費電力は（電圧）×（電流）と覚えてください。}}$$

導体棒2で発生する単位時間あたりのジュール熱は，

$$R_2 I^2$$

よって，導体棒1で発生する単位時間あたりのジュール熱は，導体棒2でのそれの$\dfrac{R_1}{R_2}$ ${}_{(ウ)}$ 倍である。2本の導体棒に流れる電流は常に等しいので，ジュール熱の比は常にこの値になる。

電流Iが0になったということは$V_1 = 0$となったということであり，つまり導体棒1が静止したということである。その間に最初の導体棒1の運動エネルギー$\dfrac{1}{2}M_1 V_0^2$がジュール熱として消費されたことになる。導

体棒1で発生するジュール熱は導体棒2でのそれの$\dfrac{R_1}{R_2}$倍になることから，求めるジュール熱Q_1は，

$$\frac{1}{2}M_1V_0{}^2=Q_1+\frac{R_2}{R_1}Q_1$$

$$\therefore\quad Q_1=\frac{R_1M_1V_0{}^2}{2(R_1+R_2)}\ _{(エ)}$$

2) この場合の等価回路は下図のようになる。この回路を流れる電流をiとして電圧の関係式をつくると，

$$V_1Bd-R_1i-R_2i-V_2Bd=0$$

$$\therefore\quad i=\frac{(V_1-V_2)Bd}{R_1+R_2}\ _{(オ)}\quad\cdots(7.1)$$

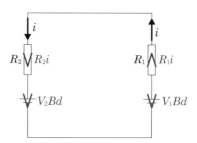

ここでは運動量保存の法則より，

$$M_1V_1+M_2V_2=M_1V_0-M_2V_0\quad\cdots(7.2)$$

導体棒に流れる電流iが0となるとき，式(7.1)から，

$$i=\frac{(V_1-V_2)Bd}{R_1+R_2}=0$$

$$\therefore\quad V_1=V_2\quad\cdots(7.3)$$

式(7.2)(7.3)から，

$$V_1=V_2=\frac{M_1-M_2}{M_1+M_2}V_0{}_{(カ)}\quad\cdots(7.4)$$

この間に装置全体が失ったエネルギーは，式(7.4)を用いて，

$$\left\{\frac{1}{2}M_1V_0{}^2+\frac{1}{2}M_2(-V_0)^2\right\}-\left\{\frac{1}{2}M_1V_1{}^2+\frac{1}{2}M_2V_2{}^2\right\}=\frac{2M_1M_2V_0{}^2}{M_1+M_2}$$

これが2つの導体棒から発生したジュール熱の和であり，1)と同様に

導体棒1で発生するジュール熱は導体棒2でのそれの$\dfrac{R_1}{R_2}$倍になることから，求めるジュール熱qは，

$$\dfrac{2M_1 M_2 V_0^{\,2}}{M_1+M_2} = q + \dfrac{R_2}{R_1} q$$

$$\therefore \quad q = \dfrac{2R_1 M_1 M_2 V_0^{\,2}}{(R_1+R_2)(M_1+M_2)} \quad (\text{キ})$$

3) この場合の等価回路は下図のようになる。図のように電流J, jを仮定して電圧の関係式をつくると，

$$V_1 Bd - R_1(J+j) - R_2 j + E = 0$$

$$V_1 Bd - R_1(J+j) - R_1 J = 0$$

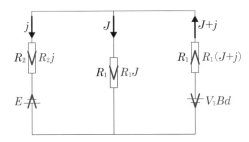

これらを連立すると，

$$J = \dfrac{R_2 V_1 Bd - R_1 E}{R_1(R_1+2R_2)}, \quad j = \dfrac{V_1 Bd + 2E}{R_1 + 2R_2}$$

導体棒1をy方向に流れる電流は$J+j$であるから，

$$J+j = \dfrac{(R_1+R_2)V_1 Bd + R_1 E}{R_1(R_1+2R_2)} \quad (\text{ク})$$

十分に時間が経つとこの電流が0となるので，

$$\dfrac{(R_1+R_2)V_1 Bd + R_1 E}{R_1(R_1+2R_2)} = 0$$

$$\therefore \quad V_1 = -\dfrac{R_1 E}{(R_1+R_2)Bd} \quad (\text{ケ})$$

図1のように,水平面上に2本の導体レールを間隔lで平行に置き,磁束密度の大きさがBである一様な磁場を鉛直下向きに加えた。導体レールの上には,長さl,抵抗値Rの棒を導体レールと直角をなすように乗せた。導体レールには,図に示したように,4つの抵抗1, 2, 3, 4と,起電力Vの電池,スイッチをつないだ。抵抗1, 2, 3の抵抗値はRであり,抵抗4の抵抗値は$3R$である。自己誘導,導体レールと導線の抵抗,電池の内部抵抗は無視できる。

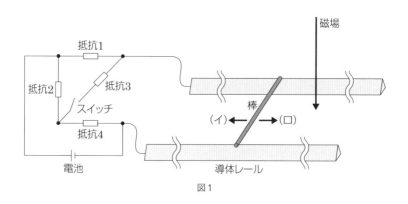

図1

I

棒が導体レールに固定されているとき,以下の問いに答えよ。

1 最初,スイッチは開いている。このとき,棒に流れる電流の大きさI_1を求めよ。

2 次にスイッチを閉じた。このとき,棒に流れる電流の大きさI_2を求めよ。

3 **2**のとき,棒に流れる電流が磁場から受ける力の大きさを求めよ。また,その向きは図中(イ),(ロ)のどちらか。

II

次にスイッチを閉じたまま,導体レールの上を棒が自由に動けるようにしたところ,棒は導体レールの上を動き始めた。以下の問いに答えよ。ただし,導体レールは十分に長く,棒はレールから外れたり落ちたりすることはな

い。また,棒が受ける空気抵抗,導体レールと棒の間の摩擦は無視できる。

1 棒の速さが v_1 になったとき,抵抗3に流れる電流が 0 になった。v_1 を求めよ。
2 十分に時間がたつと,棒は速さ v_2 で等速運動をしていた。v_2 を求めよ。

[東 京 大 学]

┃ **プ ラ チ ナ ポ イ ン ト** ┃

東京大学の入試問題ですが,基本問題です。多少計算量が多いというだけで,基本
的な計算作業を繰り返せば完答できます。もっと早く正解する方法もありますが,
ここでは基本的な計算を繰り返して解く過程をお見せします。入試問題を解く
上でもっとも重要なことは正解することであり,いくら解答時間が早くても誤答
しているようでは意味がないということを忘れないでください。まずは時間がか
かってもよいから正解できるようにし,計算スピードを上げるのはその次にやる
べき課題です。

1 スイッチが開いている場合の等価回路は下図のようになる。図のように棒と抵抗1を流れる電流をI_1, 抵抗2と4を流れる電流をi_1として電圧の関係式を作ると,

$$V - RI_1 - RI_1 = 0$$
$$V - Ri_1 - 3Ri_1 = 0$$

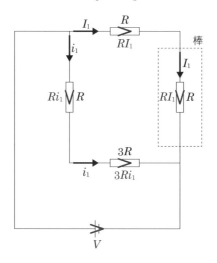

これらを連立方程式とみなして解くと,

$$I_1 = \frac{V}{2R},\ i_1 = \frac{V}{4R}$$

2 スイッチを閉じた場合の等価回路は次図のようになる。図のように電流I_2, i_2, j_2を定めて電圧の関係式を作ると,

$$V - R(I_2 + j_2) - RI_2 = 0$$
$$V - Ri_2 - 3R(i_2 + j_2) = 0$$
$$Ri_2 - R(I_2 + j_2) - Rj_2 = 0$$

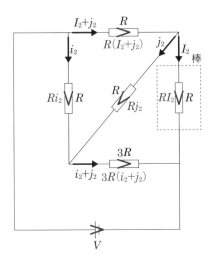

これらを連立方程式とみなして解くと，

$$I_2 = \frac{5V}{9R}, \, i_2 = \frac{V}{3R}, \, j_2 = -\frac{V}{9R}$$

3 **2**の結果，$I_2 = \dfrac{5V}{9R} > 0$であったので，導体棒を流れる電流は図で仮定した向き，すなわち奥から手前に向かって流れている。このことと磁場の向きを考えると，導体棒に働く磁場からの力（ローレンツ力）の向きは(ロ)の向きであり，その大きさは，

$$BI_2 l = \frac{5VBl}{9R}$$

Ⅱ -

1 棒が(ロ)の方向に速度vで動いていると仮定すると，等価回路は次図のようになる。図のように電流I_3, i_3, j_3を定めて電圧の関係式を作ると，

$$V - R(I_3 + j_3) - RI_3 - vBl = 0$$
$$V - Ri_3 - 3R(i_3 + j_3) = 0$$
$$Ri_3 - R(I_3 + j_3) - Rj_3 = 0$$

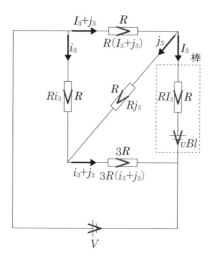

これらを連立方程式とみなして解くと，

$$I_3 = \frac{10V - 11vBl}{18R}, \quad i_3 = \frac{2V - vBl}{6R}, \quad j_3 = \frac{-V + 2vBl}{9R}$$

題意から，$j_3 = 0$ となったときに $v = v_1$ となるので，

$$j_3 = \frac{-V + 2v_1 Bl}{9R} = 0$$

$$\therefore \quad v_1 = \frac{V}{2Bl}$$

2 棒の速さが等速であるということは棒に働く力がつり合っているということであるが，棒に働く力で水平方向成分をもつものはローレンツ力しかない。このことからローレンツ力の大きさが0であるときの速さを求めればよいことがわかり，ローレンツ力の大きさは $BI_3 l$ であることから $I_3 = 0$ となるときの棒の速さ v を求めればよいことになる。したがって，

$$I_3 = \frac{10V - 11v_2 Bl}{18R} = 0$$

$$\therefore \quad v_2 = \frac{10V}{11Bl}$$

図1のように，xz面内に一様な導線で作られた変形しない長方形の一巻きコイルJKLMがある。コイルの質量はmであり，コイルには$+z$方向（鉛直下向き）に重力がはたらいている。重力加速度の大きさをgとする。コイルの各辺はx軸あるいはz軸と平行であり，辺の長さはx軸に沿った方向がa，z軸に沿った方向がbである。

コイルの中心のz座標を変数Zとし，$Z > \dfrac{b}{2}$とする。

$+y$方向（紙面に垂直で手前向き）には磁場（磁界）がかかっていて，その磁束密度はz座標のみの関数として図2のように$B = hz$（hは正の定数）と表される。

コイルははじめ固定されていたが，固定をはずすと重力によって落下を始めた。コイルは回転することなく，xz面内を$+z$方向のみに運動した。ある時刻のコイルの$+z$方向の速度をv，加速度をAとする。空気抵抗は無視できるものとする。電子の電荷を$-e$とし，コイルの電気抵抗はRである。またコイルに流れる電流によって生じる磁場の影響は無視できるものとする。以下の設問に答えよ。

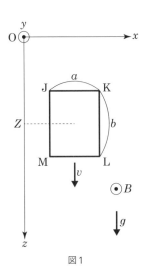

図1

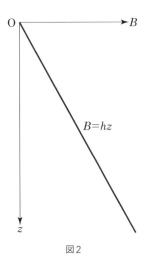

図2

1 次の文章の $\boxed{（\text{ア}）}$ 〜 $\boxed{（\text{カ}）}$ に入る適切な語句または数式を答えよ。ただし向きについての解答は，たとえば，$\boxed{+x}$ 方向，$\boxed{-z}$ 方向というように表せ。また数式による解答は，$m, g, e, R, h, a, b, Z, v, A$の中から適切なものを用いて表せ。

コイルの辺JKにおける磁束密度Bは$\boxed{(ア)}$と表せる。辺JK間に存在する電子には，電子の$+z$方向の運動(速度v)によって大きさ$\boxed{(イ)}$の力が$\boxed{(ウ)}$方向に働く。この力を$\boxed{(エ)}$力という。また辺ML間に存在する電子には，大きさ$\boxed{(オ)}$の$\boxed{(エ)}$力が$\boxed{(カ)}$方向に働く。

2 コイルに生じる誘導起電力の大きさVとコイルに流れる電流の大きさIを，$m, g, e, R, h, a, b, Z, v, A$の中から適切なものを用いて表せ。また電流の向きがJKLMあるいはMLKJのどちらであるかを答えよ。

3 コイルが速度vで落下するとき，コイルに流れる電流によってコイルに磁場から働く力のz方向の大きさFが

$$F = \frac{h^2 a^2 b^2}{R} v$$

と表されることを示せ。

4 コイルのz方向の運動についての運動方程式を，$m, g, e, R, h, a, b, Z, v, A$の中から適切なものを用いて表せ。

5 落下を始めてからしばらくするとコイルの速度は一定となった。このとき，コイルに流れる電流I_fを，m, g, e, R, h, a, b, Zの中から適切なものを用いて表せ。

6 一定の速度で落下する状態で，コイルで単位時間あたりに発生するジュール熱Qと重力がコイルに対してする仕事率Wを，m, g, e, R, h, a, b, Zの中から適切なものを用いて表せ。

［名古屋大学］

┃ プラチナポイント ┃

誘導起電力と荷電粒子に作用するローレンツ力の関係を考える問題です。導体棒に作用するローレンツ力の正体は，導体棒の中に含まれている荷電粒子の1つ1つに作用するローレンツ力の合力です。このことに着目してqvBの足し合わせがBilになることも簡単に証明できます。導体棒に生じる誘導起電力vBlも導体棒の中に含まれている荷電粒子の1つ1つに作用するローレンツ力が原因で生じています。物理法則は互いに関係し合っているもので，それらの相互関係を考えることは物理法則の理解を深めるのに有効です。

1 コイルの辺JKの位置は $z = Z - \dfrac{1}{2}b$ であるから，この位置での磁束密度Bは，

$$B = hz = h\left(Z - \dfrac{1}{2}b\right)_{(\text{ア})}$$

辺JK間に存在する電子はBの磁束密度がある空間で辺とともに$+z$方向に速度vで運動している。そのために磁場からローレンツ力を受ける。その大きさは，

$$evB = evh\left(Z - \dfrac{1}{2}b\right)_{(\text{イ})}$$

であり，その方向は，電子の電荷が負であることに注意すると $\underline{+x}_{(\text{ウ})}$方向である。この力が$\underline{\text{ローレンツ}}_{(\text{エ})}$力である。

辺MLの位置は$z = Z + \dfrac{1}{2}b$であるから，この位置での磁束密度Bは

$h\left(Z + \dfrac{1}{2}b\right)$であり，辺ML間に存在する電子も$B$の磁束密度がある空間で辺とともに$+z$方向に速度$v$で運動しているので，磁場からローレンツ力を受ける。その大きさは，

$$evB = evh\left(Z + \dfrac{1}{2}b\right)_{(\text{オ})}$$

であり，その方向は$\underline{+x}_{(\text{カ})}$方向である。

2 この回路の等価回路は下図のようになる。

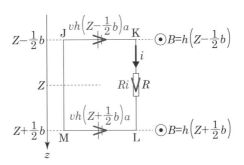

図から, コイルに生じる誘導起電力の大きさVは,

$$V=\left|-vh\left(Z-\frac{1}{2}b\right)a+vh\left(Z+\frac{1}{2}b\right)a\right|=\underline{vhab}$$

電流iの向きをJKLM向きと仮定して電圧の関係式を立てると,

$$-vh\left(Z-\frac{1}{2}b\right)a-Ri+vh\left(Z+\frac{1}{2}b\right)a=0$$

$$\therefore\quad i=\frac{vhab}{R}>0$$

iの値が正であるということは, 実際に流れる電流の方向が仮定と同じであるということなので, このときにコイルに流れる電流の向きはJKLMの向きで, その大きさIは,

$$I=|i|=\underline{\frac{vhab}{R}}\quad\cdots(9.1)$$

3 磁場のある空間内で電流が流れたので, コイルにはローレンツ力が働き, それは4辺のそれぞれに作用するローレンツ力の合力である。辺KLと辺MJには同じ大きさの電流が互いに逆向きに流れ, 同じ磁場が作用しているために, 作用するローレンツ力も同じ大きさで逆向きである。したがって, この2辺に作用するローレンツ力はコイル全体としては相殺する。

辺JKには$+x$方向に$I=\dfrac{vhab}{R}$の大きさの電流が流れ, ここには, $+y$方向に$B=h\left(Z-\dfrac{1}{2}b\right)$の大きさの磁束密度があることから辺JKには$+z$向きのローレンツ力が作用し, その大きさは,

$$BIa=\frac{vh^2a^2b}{R}\left(Z-\frac{1}{2}b\right)\quad\cdots(9.2)$$

一方, 辺LMには$-x$方向に$I=\dfrac{vhab}{R}$の大きさの電流が流れ, ここには, $+y$方向に$B=h\left(Z+\dfrac{1}{2}b\right)$の大きさの磁束密度があることから辺JKには$-z$向きのローレンツ力が作用し, その大きさは,

$$BIa = \frac{vh^2a^2b}{R}\left(Z + \frac{1}{2}b\right) \quad \cdots(9.3)$$

式(9.2)(9.3)からコイルに働く合力の z 成分の大きさ F は，

$$F = \left| \frac{vh^2a^2b}{R}\left(Z - \frac{1}{2}b\right) - \frac{vh^2a^2b}{R}\left(Z + \frac{1}{2}b\right) \right| = \underline{\frac{h^2a^2b^2}{R}v}$$

4 コイルには $+z$ 方向に大きさ mg の重力と $-z$ 方向に大きさ $\dfrac{vh^2a^2b^2}{R}$ のローレンツ力が働くので，運動方程式は，

$$mA = mg - \underline{\frac{vh^2a^2b^2}{R}} \quad \cdots(9.4)$$

5 コイルの速度が一定となったとき，$A = 0$ であるので，式(9.4)から，

$$0 = mg - \frac{vh^2a^2b^2}{R}$$

$$\therefore \quad v = \frac{mgR}{h^2a^2b^2} \quad \cdots(9.5)$$

式(9.1)に式(9.5)を代入して，

$$I_f = \underline{\frac{mg}{hab}} \quad \cdots(9.6)$$

6 コイルから単位時間あたりに発生するジュール熱 Q は，式(9.6)を用いて，

$$Q = RI_f^2 = \underline{\frac{m^2g^2R}{h^2a^2b^2}}$$

重力の大きさは mg であり，コイルは重力が働く方向に単位時間あたり距離 v だけ移動するので，重力がコイルに対してする仕事率 W は，式(9.5)を用いて，

$$W = mgv = \underline{\frac{m^2g^2R}{h^2a^2b^2}}$$

この結果から，コイルは重力の仕事として得たエネルギーをただちにジュール熱として消費している状態であるとわかる。そうでなければコイルの運動エネルギーが変化し，コイルの速度は一定ではなくなる。

図1のように鉛直上向きで磁束密度がBの一様な磁界の中で, 電気抵抗の無視できる同じ長さの平行な2本のレールab, cdが水平面内に固定されている。レールの端a, cの間は, 単位長さあたりの電気抵抗がrであるような長さlの針金がレールと直交するように繋がれている。レールの上には質量と電気抵抗の無視できる金属線Lがレールに直交するように置かれ, 点e, fでレールに接触している。金属線Lはレール上を摩擦なく直交したまま動くことができ, 伸び縮みしない糸で摩擦なく回転できる軽い滑車を通して質量mのおもりと繋がれている。はじめ, おもりは金属線Lの位置がa−eおよびc−f間距離がlになるように適当な高さの台によって支持されている。重力加速度の大きさをgとし, 回路を流れる電流が作る磁場の影響はすべて無視できるものとして, 以下の問いに答えよ。

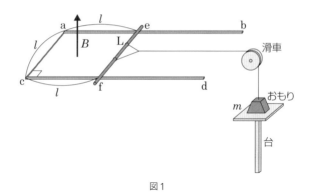

図1

問 1

磁束密度を$B=0$から時間的に一定の割合で増加させたとき, 時間t_1後に磁束密度が$B=B_1$に達したところでおもりが動き始めたとする。

a このとき, 磁束密度の時間変化によって, 回路aefcには一定の電流が流れている。金属線Lを流れる電流の大きさをr, l, t_1, B_1を用いて表せ。

また, 電流の向き(e→f, またはf→e)を答えよ。

b おもりが動く直前の力の釣り合いから, この間に要した時間 t_1を$r, l, m, g,$ B_1を用いて表せ。

- -

磁束密度を$B=B_2$に固定して台を取り外し,おもりを下向きに初速度v_0で放した。

a そのときのおもりの加速度を r, l, m, g, B_2, v_0 を用いて表せ。

b おもりの速さはやがて一定になった。その速さを r, l, m, g, B_2 を用いて表せ。

次に,図2のようにレールの端b, dをa−c間と同様に単位長さあたりの抵抗が r であるような針金で繋ぎ,さらに同じ材質と太さを持つ針金をレールと平行にh−j間に繋いだ。a−h間,h−c間距離はそれぞれ,l_1, l_2である。金属線Lは針金h−jとも点iで接触している。レールの一部にはスイッチS_1とS_2を設けた。磁界は鉛直上向きで,磁束密度はBである。金属線Lは一定の速度vで右方向に動かすものとして,以下の問いに答えよ。

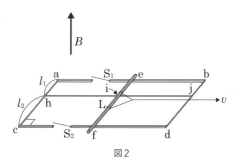

図2

- -

両方のスイッチを開いた状態で金属線Lを動かした場合に, $i-j$ 間を流れる電流の大きさが0になることを式を用いて示せ。

- -

スイッチS_1とS_2を閉じて同様に金属線Lを動かした場合に, e−i 間, i−f 間, i−j間を流れる電流の大きさをそれぞれ求め, r, l_1, l_2, B, vのうち必要なものを用いて表せ。

[筑 波 大 学]

| プラチナポイント |

誘導起電力はvBlと覚えておくだけでは不十分です。「単位時間あたりの磁束変化率」が誘導起電力になることまで理解しておかなければなりません。多くの素子が組み込まれた電気回路の計算問題では"方程式の対称性"を用いて計算の回数を減らすことも考えてみましょう。「これの値とあれの値は同じになるはずだ」と考えることで2つの値を一度の計算で求めることができる場合があります。ただし, いちばん重要なことは正解することであり, 計算テクニックを使うことではありません。うまい計算方法に気づかなかったら, コツコツと計算すればよいです。

問 1

a 回路の面積（acfe の面積）は l^2 なので，回路を貫く磁束は Bl^2 である。よって，この場合の誘導起電力の大きさ V_1 は，

$$V_1 = \frac{B_1 l^2 - 0 \times l^2}{t_1} = \frac{B_1 l^2}{t_1}$$

ac 間の抵抗値は rl なので，求める誘導電流の大きさは，

$$\frac{V_1}{rl} = \frac{B_1 l}{rt_1} \quad \cdots (10.1)$$

その向きは「誘導電流がつくる磁場で上向きの磁場の増加を妨げる」向き，すなわち「下向きの磁場をつくる向き」であることから，

$$e \to f$$

b L には糸を介しておもりの重力 mg が作用し，それがローレンツ力とつり合っている状態である。このことと式(10.1)から，

$$B_1 \frac{B_1 l}{rt_1} l = mg$$

$$\therefore \quad t_1 = \frac{B_1^2 l^2}{rmg}$$

問 2

a おもりが下向きに初速度 v_0 で動くとき，L も右向きに v_0 の速度で動いている。このとき L には誘導起電力 V_2 が生じ，

$$V_2 = v_0 B_2 l$$

このときの等価回路は次ページの図のようになる。

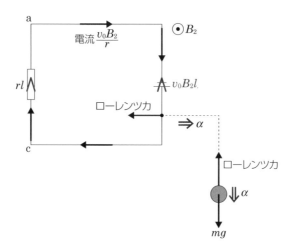

このとき回路には $\dfrac{V_2}{rl}=\dfrac{v_0B_2}{r}$ の大きさの電流が流れ, L には左向き

に $B_2\dfrac{v_0B_2}{r}l=\dfrac{v_0B_2{}^2l}{r}$ のローレンツ力が働く。おもりにはこのローレン

ツ力が糸を介して上向きに力として作用する。おもりには下向きに重

力 mg も作用しているので, このときのおもりと L の加速度 α は, おもり

についての運動方程式から,

$$m\alpha=mg-\dfrac{v_0B_2{}^2l}{r}$$

> 運動方程式は質量をもつ
> ものに着目してつくります。

$$\therefore\quad \alpha=g-\dfrac{v_0B_2{}^2l}{mr}\quad \cdots(10.2)$$

この式は, L の速さが v のときの加速度を求めるときに, $v_0=v$ を代入し

て利用できる式である。

b おもりの速さが一定になったときは加速度が0であるはずなので, そ
の速さを v' として, 式(10.2)から,

$$g-\dfrac{v'B_2{}^2l}{mr}=0$$

$$\therefore\quad v'=\dfrac{mgr}{B_2{}^2l}$$

eb間の距離をxとすると，この回路の等価回路は下図のようになる。

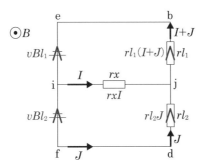

i→jの向きに流れる電流をI，f→dの向きに流れる電流をJとして電圧の
関係式を立てると，

e→i→j→b→e：$vBl_1 - rxI - rl_1(I+J) = 0$　　…(10.3)

e→f→d→b→e：$vBl_1 + vBl_2 - rl_2J - rl_1(I+J) = 0$　　…(10.4)

これらを連立してI, Jを求めると，

$$\underline{I = 0}, J = \frac{vB}{r} \quad \cdots (10.5)$$

このことから，i−j間を流れる電流の大きさは0である。

eb間の距離をx，ae間の距離をyとすると，この回路の等価回路は下図
のようになる。

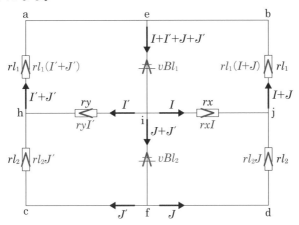

i→jの向きに流れる電流をI, f→dの向きに流れる電流をJ, i→hの向きに流れる電流をI', f→cの向きに流れる電流をJ'して電圧の関係式を立てると,

e→i→j→b→e：$vBl_1 - rxI - rl_1(I+J) = 0$　$\cdots(10.6)$

e→f→d→b→e：$vBl_1 + vBl_2 - rl_2J - rl_1(I+J) = 0$　$\cdots(10.7)$

e→i→h→a→e：$vBl_1 - ryI' - rl_1(I'+J') = 0$　$\cdots(10.8)$

e→f→c→a→e：$vBl_1 + vBl_2 - rl_2J' - rl_1(I'+J') = 0$　$\cdots(10.9)$

式(10.6)(10.7)は式(10.3)(10.4)とまったく同じであるから, これらを解いて得られる解は式(10.5)と等しく,

$$I = 0, J = \frac{vB}{r}　\cdots(10.10)$$

式(10.8)(10.9)は式(10.6)(10.7)のxをy, IをI', JをJ'にそれぞれ置き換えたものなので, これらを解いて得られる解も式(10.10)に同様の置き換えをしたものになっているはずで,

$$I' = 0, J' = \frac{vB}{r}　\cdots(10.11)$$

式(10.10)(10.11)から, e−i間を流れる電流は$I+J+I'+J'$, i−f間を流れる電流は$J+J'$, i−j間を流れる電流はIであるから,

$$\text{e−i 間：}\underline{\frac{2vB}{r}}, \text{i−f 間：}\underline{\frac{2vB}{r}}, \text{i−j 間：}\underline{0}$$

プラチナ例題　011　回転運動による電磁誘導

次の文を読み,以下の問いに答えよ。

図1のように,磁束密度$B[\mathrm{Wb/m^2}]$の鉛直上向きの一様磁場中に,半径$L_1[\mathrm{m}]$の円形の導体リングC_1とL字型導体Aが置かれている。C_1は水平に置かれており,その中心Oを通る鉛直方向の軸(中心軸)は磁場と平行である。導体Aの一辺は中心軸と重なり,他方の辺は端点Pで常にC_1に接触している。この導体Aを,中心軸の周りを反時計回りに角速度$\omega\,[\mathrm{rad/s}]$で回転させた。

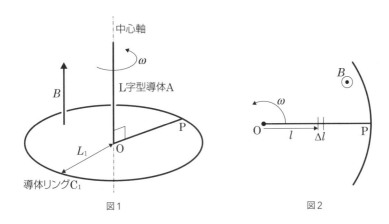

図1　　　　　図2

1 図2は鉛直上方から見た図である。導体Aにおいて,中心Oから$l[\mathrm{m}]$($l<L_1$)離れた長さ$\Delta l[\mathrm{m}]$の微小線分を考え,この線分の両端に発生する起電力の大きさ$\Delta V[\mathrm{V}]$を求めよ。また,中心Oに近い場所は遠い場所にくらべ電位が高いか低いかを答えよ。

2 OP間の任意の点での単位長さ当たりの起電力の大きさ$E[\mathrm{V/m}]$をlの関数として図示せよ。また,OP間の起電力の大きさ$V[\mathrm{V}]$を求めよ。

3 OPの部分が単位時間当たりに通過する面積$S[\mathrm{m^2/s}]$を求めよ。

図3のように,図1のリングC_1と導体Aに対して,新たに半径$L_2[\mathrm{m}]$($L_2<L_1$)の円形導体リングC_2を,C_1と同心円になるように置いた。導体A,リングC_1,C_2に抵抗R_1,R_2,R_3をそれぞれ接点a,b,cにより接続し,導体Aを中心軸の周りを反時計回りに角速度ωで回転させた。導体Aの点P,Qはそれぞれ

常にC_1, C_2と接触している。抵抗R_1, R_2, R_3以外の電気抵抗は全て無視でき，接点a, b, cは導体Aの運動に影響を及ぼさないものとする。

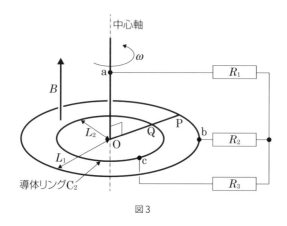

図3

4 ac間およびbc間に生じている起電力の大きさV_{ac}[V], V_{bc}[V]をそれぞれ求めよ。

5 R_1, R_2, R_3の抵抗値がすべて同じであるとき，R_2での電流がR_1の電流の1.4倍になった。このとき，導体リングC_1とC_2の半径の比$\dfrac{L_1}{L_2}$を求めよ。

［ **岐 阜 大 学** ］

❙ プ ラ チ ナ ポ イ ン ト ❙

誘導起電力とローレンツ力の関係を考える問題です。「導体棒は細長いコンデンサー」「導体棒の中にいる荷電粒子は自分に作用しているローレンツ力を電場の力だと勘違いしている」と考えると正解できます。誘導起電力の大きさの公式vBlはB×（棒が単位時間に通過する領域の面積）と解釈しておきましょう。そうすると本問のように棒が単位時間に通過する領域の面積がvlではない場合にも対処できます。扇形の面積を求める公式は覚えておくか，その場で自分で導き出せるかのどちらかはできるようにしておきましょう。

1 等速円運動の関係式から，微小線分の速度は$l\omega$とみなせるので，この線分の両端に発生する誘導起電力の大きさΔVは，

$$\Delta V = l\omega \times B \times \Delta l = l\omega B \Delta l \,[\mathrm{V}] \quad \cdots(11.1)$$

この起電力はO→Pの向きに電流を流す**電池**として機能することから，Pが高電位側になる。つまり，中心Oに近い場所は遠い場所に比べて電位が低い。

2 微小線分を細長いコンデンサーのように考えると，極板間隔ΔlのコンデンサーにΔVの電圧がかかっているようなものであるから，その内部に生じている電場の大きさEは式(11.1)を用いて，

$$E = \frac{\Delta V}{\Delta l} = l\omega B \,[\mathrm{V/m}] \quad \cdots(11.2)$$

この関係をグラフに図示すると，下図のようになる。

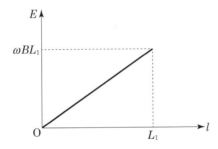

このグラフのl軸と曲線に挟まれた部分の面積がOP間の起電力Vであり，

$$V = \frac{1}{2} \times L_1 \times \omega B L_1 = \frac{1}{2}\omega B L_1{}^2 \,[\mathrm{V}] \quad \cdots(11.3)$$

式(11.2)は，導体内の電荷qをもつ荷電粒子に作用するローレンツ力が$ql\omega B \,[\mathrm{N}]$であることから，

$$ql\omega B = qE$$

として求めることもできる。

3 求める面積Sは半径L_1，中心角ωの扇形の面積に等しいので，

$$S=\frac{1}{2}\omega L_1{}^2[\mathrm{m^2/s}] \quad \cdots(11.4)$$

式(11.3)(11.4)から，

$$V=BS$$

という関係があることがわかる。

4 ac間に生じている誘導起電力の大きさV_{ac}は，式(11.3)から，

$$V_{\mathrm{ac}}=\frac{1}{2}\omega BL_2{}^2[\mathrm{V}] \quad \cdots(11.5)$$

また，ab間に生じている誘導起電力は$V_{\mathrm{ac}}+V_{\mathrm{bc}}$と等しいが，式(11.3)からその値は$\frac{1}{2}\omega BL_1{}^2$であるので，式(11.5)と合わせて，

$$V_{\mathrm{bc}}=\frac{1}{2}\omega BL_1{}^2-V_{\mathrm{ac}}=\frac{1}{2}\omega B(L_1{}^2-L_2{}^2)[\mathrm{V}] \quad \cdots(11.6)$$

5 この回路の等価回路は下図のようになる。

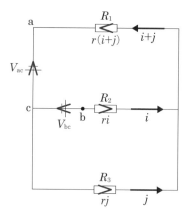

図のように抵抗R_2，R_3を流れる電流をそれぞれi，j，3つの抵抗の抵抗値をrとして電圧の関係式を作ると，

$$V_{\mathrm{ac}}-rj-r(i+j)=0$$
$$V_{\mathrm{bc}}-ri+rj=0$$

これらから，

$$i = \frac{V_{ac} + 2V_{bc}}{3r}, j = \frac{V_{ac} - V_{bc}}{3r}$$

よって, 題意から,

$$\frac{i}{i+j} = 1.4 = \frac{V_{ac} + 2V_{bc}}{2V_{ac} + V_{bc}}$$

これに式 (11.5) (11.6) を代入して,

$$\frac{V_{ac} + 2V_{bc}}{2V_{ac} + V_{bc}} = \frac{L_2{}^2 + 2(L_1{}^2 - L_2{}^2)}{2L_2{}^2 + (L_1{}^2 - L_2{}^2)} = \frac{2L_1{}^2 - L_2{}^2}{L_1{}^2 + L_2{}^2} = \frac{7}{5}$$

$$\therefore \quad L_1{}^2 = 4L_2{}^2$$

$$\therefore \quad \frac{L_1}{L_2} = \underline{2}$$

次の電流と磁場(磁界)に関する問いに答えよ。ただし,全ての系は真空中にあり,真空の透磁率はπを円周率として,$\mu_0 = 4\pi \times 10^{-7}$[H/m = N/A²]で与えられる。

I

図1のように,xyz座標のx軸に沿って正の向きに電流I_1[A],y軸に沿って正の向きに電流I_2[A]が流れている。これらの電流によって周囲に作られる磁場を考える。

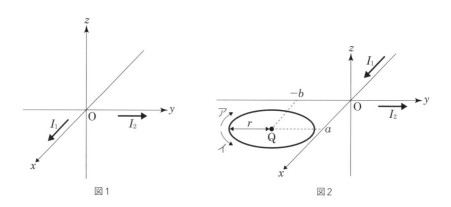

図1　　　　　　　　　　　図2

1 z軸上の点$(0, 0, z)$(zの単位はメートル)における磁場を3次元ベクトルで表せ。

2 磁場の強さが0となる点の集合が作る図形の方程式を求めよ。ただし,x, y軸上は考慮しないものとする。

3 図2のように,点$Q(a, -b, 0)$($a, b > 0$)を中心とする半径r($r < a, r < b$)の1巻きコイルがxy平面上に置かれている。点Qの磁場の強さを0にするために,コイルに流すべき電流の大きさと向きを求めよ。ただし,電流の向きは図2のアかイで答えよ。

II

図3のように,1辺の長さ5.0cmの正三角形の各頂点に,3本の導線A, B, Cが

互いに平行に張られ，A，Bにいずれも紙面に垂直に表から裏へ向かう向き
に，2.0A（アンペア）の電流が流れている。

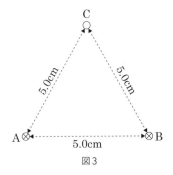

図3

1　導線Cの位置の磁場の強さと向きを求めよ。

2　導線Cにも同じ向きに2.0Aの電流を流すと，導線Cに働く力の1.0mあたり
　の大きさと向きを求めよ。

[東 京 慈 恵 会 医 科 大 学]

プラチナポイント

電流による磁場を計算する問題です。「磁場」と「磁束密度」は似て非なるもの
なので注意してください。ベクトルを使った計算が面倒なだけで，物理学的には
難しくありません。多くの場合は本問のように空間的な磁場ベクトルを考える問
題になりますので，数学の空間ベクトルの問題を苦手にしておくと物理の問題で
も得点できない，ということが起こってしまいます。空間ベクトルが得意であれ
ば，その知識をどんどん活用しましょう。電磁気の単位にも注意しましょう。磁束
密度には専用の単位がありますが，磁場には専用の単位はありません。磁束と磁
荷の単位が同じであることも覚えておきましょう。

I

1 点 $(0, 0, z)$ には x 軸に沿って流れる電流によって磁場が生じ, それを表すベクトルは,

$$\left(0, -\frac{I_1}{2\pi z}, 0\right)$$

y 軸に沿って流れる電流によっても磁場が生じ, それを表すベクトルは,

$$\left(\frac{I_2}{2\pi z}, 0, 0\right)$$

求める磁場はこれらの合成磁場であるから,

$$\left(0, -\frac{I_1}{2\pi z}, 0\right) + \left(\frac{I_2}{2\pi z}, 0, 0\right) = \left(\frac{I_2}{2\pi z}, -\frac{I_1}{2\pi z}, 0\right)[\text{A/m}]$$

2 xy 平面上にない点では x 軸に沿って流れる電流によって生じる磁場は y 成分をもち, x 成分は常に0である。また, y 軸に沿って流れる電流によって生じる磁場は x 成分をもち, y 成分は常に0である。これらのことから, xy 平面上にない点での全磁場(合成磁場)は必ず x 成分および y 成分が0ではない。よって, xy 平面上にない点での全磁場の強さは0ではない。

xy 平面上の点 $(x, y, 0)$ における全磁場は,

$$\left(0, 0, \frac{I_1}{2\pi y}\right) + \left(0, 0, -\frac{I_2}{2\pi x}\right) = \left(0, 0, \frac{I_1}{2\pi y} - \frac{I_2}{2\pi x}\right) \quad \cdots(12.1)$$

このことから,

$$\frac{I_1}{2\pi y} - \frac{I_2}{2\pi x} = 0$$

$$\therefore \quad y = \frac{I_1}{I_2}x$$

以上から, 求める図形の方程式は,

$$y = \frac{I_1}{I_2}x, z = 0$$

3 式(12.1)から, 点Qには軸に沿って流れる電流によって,

$$\left(0,\, 0,\, -\frac{I_1}{2\pi b} - \frac{I_2}{2\pi a}\right)$$

の磁場が生じているので, コイルによって$+z$方向向きに$\dfrac{I_1}{2\pi b} + \dfrac{I_2}{2\pi a}$

の大きさの磁場をつくるようにする。そのためにはコイルに<u>イ</u>の向き
の電流を流し, その大きさiは,

$$\frac{i}{2r} = \frac{I_1}{2\pi b} + \frac{I_2}{2\pi a}$$

$$\therefore \quad \underline{i = \frac{r}{\pi}\left(\frac{I_1}{b} + \frac{I_2}{a}\right)[\text{A}]}$$

Ⅱ -

1 Cの位置にはAを流れる電流とBを流れる電流によってそれぞれから
同じ大きさの磁場が生じており, その大きさHは,

$$H = \frac{2.0\text{A}}{2\pi \times 5.0\text{cm}} = \frac{1}{5\pi} \times 10^2 \text{A/m}$$

その向きは下図のようになるので, 全磁場は$\overrightarrow{\text{AB}}$の方向で, その大きさ
は

$$H\cos30° \times 2 = \sqrt{3}\,H = \frac{\sqrt{3}}{5\pi} \times 10^2 \fallingdotseq \frac{173}{15.7} = 11.01\cdots$$

$$\therefore \quad \underline{1.1 \times 10^1 \text{A/m}}$$

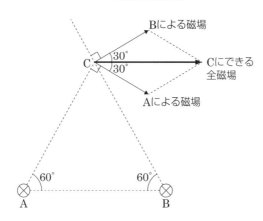

2 **1** より, Cの位置には $\overrightarrow{AB}$ の方向に磁場があり, その磁束密度 B は,

$$B = \mu_0 \times \sqrt{3}\,H = 4\pi \times 10^{-7} \times \frac{\sqrt{3}}{5\pi} \times 10^2 = \frac{4\sqrt{3}}{5} \times 10^{-5}\ \text{T}$$

このことから, 導線には<u>Cから AB の中点に向かう向き</u>にローレンツ力が働き, その大きさは,

$$B \times 2.0[\mathrm{A}] \times 1.0[\mathrm{m}] = \frac{4\sqrt{3}}{5} \times 10^{-5} \times 2 \times 1 = \frac{8\sqrt{3}}{5} \times 10^{-5}$$

$$\fallingdotseq \frac{8 \times 1.73}{5} \times 10^{-5} = 2.76\cdots \times 10^{-5}$$

$$\therefore\quad \underline{2.8 \times 10^{-5}[\mathrm{N}]}$$

透磁率μ[N/A^2]で断面積がS[m^2]の環状の鉄心に巻き数N_1の1次コイルと巻き数N_2の2次コイルを巻いた変圧器がある。2つのコイルの長さは共にl[m]である。図のように，A側に倒してあるスイッチSW，抵抗R[Ω]，起電力E[V]の直流電源を1次コイルの端子aとbに接続し，2次コイルの端子cとdには何も接続しなかった。

回路のスイッチSWをAからBに切りかえ，十分に時間がたってから再びAに戻した。

電源と2つのコイルの内部抵抗は無視できるとし，磁束は鉄心内に一様に生じ外部にもれないとして，次の各問いに答えよ。

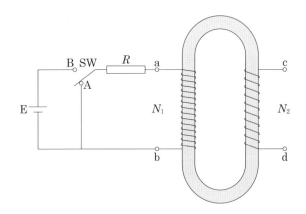

1 スイッチをAからBに切りかえた直後，bに対するaの電位[V]はいくらか（イ）。そのとき，dに対するcの電位は正か負か。「正」または「負」で答えよ（ロ）。

2 スイッチをAからBに切りかえてから十分に時間がたったとき，鉄心内の磁束[Wb]はいくらか。

3 スイッチをBからAに戻した直後，bに対するaの電位[V]はいくらか（イ）。そのとき，dに対するcの電位は正か負か。「正」または「負」で答えよ（ロ）。

4 1次コイルの自己インダクタンス（L_1[H]）と2つのコイルの相互インダクタンス（M[H]）を求めよ。ただし，導出過程では，微小時間Δt[s]に回路に流れる電流（a→bを正の向きとする）がΔI[A]だけ微小変化したとき，鉄心内の磁束

は$\Delta\phi$[Wb]だけ微小変化するとして記述せよ。

5 2次コイルの自己インダクタンスをL_2[H] とし, L_1, L_2, Mの間の関係式を記せ。

[東京慈恵会医科大学]

｜ プラチナポイント ｜

コイルの素子としての性質と, インダクタンスの定義と使い方を覚えましょう。コイルはそもそも導線を巻きつけて作ったものなので, 時間が経つと単に「クネクネした導線」という存在になります。逆にコイルは「それまで自分のところを流れていた電流をなるべく保とう」という性質をもつものなので, 電流が減れば自分で起電力をもって電流の不足を補い, 電流が増えればそれに逆らう向きに起電力をもって電流の増加を妨げようとします。しかし, 最終的には所詮は導線をグルグル巻きにしただけのものなので電源の勢いには逆らいきれない, というイメージをもっておくとよいでしょう。

1 コイルは起電力をもつことで，**それまでの電流を保とうとする。**スイッチを切り替える直前までは1次コイルには電流が流れていなかったので，スイッチを切り替えた直後はコイルが起電力をもって電流を0のまま維持しようとする。つまり，その瞬間の等価回路は下図のようになる。

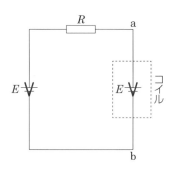

このことから，bに対するaの電位は，

$$E\,[\text{V}]\,_{(\textit{イ})}$$

である。

1次コイルにはこの後徐々に電流が流れ，鉄心内に上向きの磁場をつくる。その磁場は鉄心内を伝わって2次コイルに下向きの磁場をつくる。2次コイルは自分を貫く下向きの磁場が増えるので，それを打ち消すべく上向きの磁場をつくるような誘導電流を生じる。その電流は2次コイルの巻き付け方から c→2次コイル→d の向きに流れるようなものである。端子 c, d につないだ電気回路にとっては2次コイルは「dから電流が出てくる」ように見えるので，dがプラス極，cがマイナス極の電源装置として機能することになる。このことから，d に対する c の電位は負 (ロ) である。

2 スイッチを切り替えてから**十分に時間が経つとコイルは回路にとっては導線としての意味しかもたなくなる。**すなわち，このときの等価回路は次図のようになり，1次コイルに流れる電流の大きさ I は，

$$I = \frac{E}{R} \quad \cdots (13.1)$$

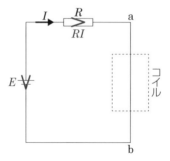

このことから，1次コイルがコイルの内部（鉄心の内部）につくる磁場 H は，

$$H = \frac{N_1}{l}I = \frac{N_1 E}{lR}$$

鉄心の透磁率は μ なので，鉄心内の磁場の磁束密度 B は，

$$B = \mu H = \frac{\mu N_1 E}{lR}$$

よって，求める磁束 ϕ は，

$$\phi = SB = \frac{\mu S N_1 E}{lR} \text{[Wb]}$$

3 スイッチを切り替える直前まで1次コイルには電流 I が流れていたので，スイッチを切り替えた直後には1次コイルは自ら下図のような電源装置になって電流を維持しようとする。

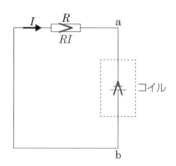

コイルがもつ起電力の大きさは式(13.1)から,

$$RI = E$$

であり, bがプラス極, aがマイナス極の電源装置として機能すること
になることから, bに対するaの電位は,

$$-E[V] \quad \text{(イ)}$$

一方, 2次コイルはそれまで自分を貫いていた下向きの磁場が減るの
で, それを打ち消すべく下向きの磁場をつくるような誘導電流を生じ
る。その電流は2次コイルの巻き付け方からd→2次コイル→cの向きに
流れるようなものである。端子c, dにつないだ電気回路にとっては2次
コイルは「cから電流が出てくる」ように見えるので, cがプラス極, d
がマイナス極の電源装置として機能することになる。このことから, d
に対するcの電位は正 (ロ)である。

4 1次コイルにa→bの向きに大きさIの電流が流れるとき, 鉄心内にでき
る磁束はϕであるが, 1次コイルはその鉄心にN_1回巻きつけてあるので,
1次コイルが感じ取る磁束は$N_1\phi$である。

微小時間Δtの間に1次コイルを流れる電流が$I+\Delta I$になり, それによっ
て鉄心内の磁束が$\phi+\Delta\phi$に変化したならば, 1次コイルが感じ取る磁束
は$N_1(\phi+\Delta\phi)$に変化したことになる。

1次コイルが感じ取る単位時間あたりの磁束の変化率は,

$$\frac{N_1(\phi+\Delta\phi)-N_1\phi}{\Delta t} = N_1\frac{\Delta\phi}{\Delta t} \quad \cdots(13.2)$$

これがコイルに生じる誘導起電力になる。

ここで, 1次コイルに電流Iが流れているときの磁束ϕは,

$$\phi = S\times\mu\frac{N_1}{l}I = \frac{\mu S N_1}{l}I \quad \cdots(13.3)$$

同様に考えると,

$$\phi+\Delta\phi = \frac{\mu S N_1}{l}(I+\Delta I)$$

が導かれるので,

$$\Delta\phi = \frac{\mu S N_1}{l}\Delta I$$

これと式(13.2)から,

$$N_1 \frac{\Delta\phi}{\Delta t} = \frac{\mu S N_1^2}{l} \cdot \frac{\Delta I}{\Delta t}$$

この式からコイルの誘導起電力は電流の時間変化率に比例することが読み取れて,その比例定数を自己インダクタンス L_1 と定義する。すなわち,

$$L_1 = \frac{\mu S N_1^2}{l} \,[\mathrm{H}] \quad \cdots (13.4)$$

ところで,1次コイルにa→bの向きに大きさ I の電流が流れるときに1次コイルが感じ取る磁束は $N_1\phi$ であるが,式(13.3)より,

$$N_1\phi = \frac{\mu S N_1^2}{l} I$$

となり,コイルが感じ取る磁束は電流に比例し,その比例定数がインダクタンスであるいうこともできる。この考え方で相互インダクタンスを求めると,2次コイルが感じ取る磁束は $N_2\phi$ であるので,

$$N_2\phi = \frac{\mu S N_1 N_2}{l} I = MI$$

$$\therefore \quad M = \frac{\mu S N_1 N_2}{l} \,[\mathrm{H}] \quad \cdots (13.5)$$

5 式(13.4)から,2次コイルの自己インダクタンス L_2 は,

$$L_2 = \frac{\mu S N_2^2}{l} \quad \cdots (13.6)$$

であることが推測されるので,式(13.4)〜(13.6)から,

$$L_1 L_2 = M^2$$

という関係があることがわかる。

次の文章を読み，以下の問い（ **1** および **2** ）に答えなさい。

図1のように＋z方向を向いた磁束密度の大きさがB_z[T]の一様な磁場の存在する空間がある。この中を電荷$-e$[C]，質量m[kg]の電子が磁場に垂直な平面内で等速円運動をしており，ある時刻で電子の速度$\vec{v}$は$(v_1, 0, 0)$[m/s]であった。但し，$B_z > 0, e > 0, v_1 > 0$である。この電子の等速円運動の半径は　ア　[m]，周期は　イ　[s]である。電子の円運動は＋z方向から見て[ウ：時計回り・反時計回り]となる。

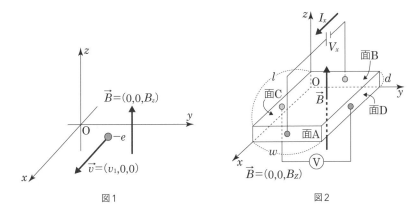

図1　　　　　　　　　　　図2

次に図2のような幅w [m]，長さl [m]，厚さd [m]の直方体の導体をこの磁場の中に置いたときの，その導体内の自由電子の運動について考える。導体の長さlは，幅wおよび厚さdに比べて十分長いとする。この面Aと面Bの間に図のような正の電圧V_x[V]をかけ，y方向の面Cと面Dの対向する点の電圧差Vを図のように電圧計で測定したところ，V_y[V]となった。導体内を$-x$方向に流れる電流をI_x[A]とすると，I_xとV_yの関係は図3のように磁束密度の大きさに依存して変化した。

導体内を流れる電子の単位体積あたりの個数n[個/m³]は一定として，各電子がx方向に一定の速さv_x[m/s]で移動すると仮定し，I_xをn, v_xを含んだ式で表すと$I_x =$　エ　[A]となる。Vの大きさが一定値V_yであるとき，v_xを用いてV_yを表すと$V_y =$　オ　[V]となる。ここで，v_xを用いることなくI_xを用いてV_yを表すと$V_y =$　カ　[V]となる。いま，$e = 1.6 \times 10^{-19}$[C]，$d = 1.0 \times 10^{-6}$[m]，

$m = 9.1 \times 10^{-31}$[kg]として，図3のグラフを用いてnを有効数字2桁で求めると，$n = $ キ [個/m³] となる。

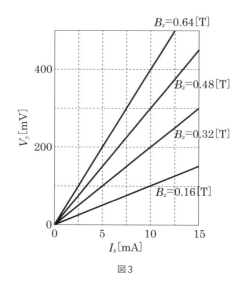

図3

現実の導体中には電子の運動を妨害する粒子が多く存在する。この様子を次のモデルで考える。$B_z = 0$[T] のとき電子は$\Delta\tau$[s] の時間間隔でこの妨害粒子に衝突し，運動量を完全に失って$v_x = 0$となり，次いで電場により加速され，$\Delta\tau$[s] 後に再び妨害粒子と衝突して$v_x = 0$となる。この過程が導体中で繰り返されるとする。このとき，$v_x = 0$となる時刻$t = 0$から微小時間Δt[s] 後(ただし，$0 \leqq \Delta t \leqq \Delta\tau$)の速さ$v_x$は ク [m/s] となる。$x$方向の平均速度$v_m$は，衝突と衝突の間に$x$方向に動く距離を$\Delta\tau$で割って求められ，ケ [m/s] となる。そして導体の抵抗率ρは コ [Ωm] となる。一般に温度が上昇すると衝突時間$\Delta\tau$は減少する。磁場が存在する場合にも上記のモデルが成り立つとすると，V_xを一定にしてV_yを測定したとき，導体の温度上昇によってV_yの値は[サ：大きく・小さく]なることが予測される。ここでV_yの値が温度上昇前と変わらないようにするには，B_zの大きさを[シ：大きく・小さく]しなければならない。

1 ア ， イ ， エ 〜 カ および ク 〜 コ にあてはまる適切な文字式を， キ にあてはまる適切な数値を答えなさい。また，[ウ：時

計回り・反時計回り], [サ：大きく・小さく]および[シ：大きく・小さく]では, 2つの語のうち適切なものを選びなさい。

2 下線部の現象に関して, どのようにしてV_yの値が決まるかを, 電子にはたらく力のつり合いや面Cと面Dの電位の関係を含めて80〜120字で述べなさい。

[千 葉 大 学]

｜ プラチナポイント ｜

ホール効果の問題です。「電流も荷電粒子の集まり」という考え方もできるようにしておかなければなりません。導体の中を移動している荷電粒子に働く力が荷電粒子の運動にどのようにかかわっているのかを考え, それを導体の外部から見た人間にはどのような電流が流れているように見えるのか, という視点で考え, 計算していく問題です。この実験によって, 電流を担う荷電粒子は正の電荷をもつものではなく, 負の電荷をもつ電子であることが確認できます。なお, ホール効果の「ホール(Hall)」は人名で, 「穴(hole)」という意味ではありません。

1 図1の荷電粒子に働くローレンツ力は$+y$方向にev_1B_zの大きさである。これが向心力として作用することを考えると，等速円運動の半径rと周期tは，

> 電荷の正負に注意しましょう。

$$ev_1B_z=m\frac{v_1^2}{r}, \quad 2\pi r=v_1t$$

$$\therefore \quad r=\underset{\text{ア}}{\underline{\frac{mv_1}{eB_z}}}, \quad t=\underset{\text{イ}}{\underline{\frac{2\pi m}{eB_z}}}$$

ローレンツ力の作用する方向と速度ベクトルの方向から考えて，この円運動は$+z$方向から見て$\underset{\text{ウ}}{\underline{\text{反時計回り}}}$となる。

図2において，面Aの面積はdwであり，そこから「電子が詰まった柱が単位時間あたりv_xの長さだけ飛び出してくる」と解釈すると，その柱の中には$ndwv_x$個の電子が含まれており，これが単位時間に面Aを通過する電子の個数であるといえ，単位時間に面Aを通過する電荷量の和は$endwv_x$と解釈できる。電流の大きさの定義は「導体断面を単位時間に通過する電気量の大きさ」なので，

$$I_x=\underset{\text{エ}}{\underline{endwv_x}} \quad \cdots(14.1)$$

導体内の電子には$+y$方向にev_xB_zの大きさのローレンツ力が作用し，電圧V_yによる電場の力がこれとつり合うことで電子が直進運動を保っていると考える。電圧V_yによる電場の大きさは，面Cと面Dの距離がwであることから，

$$\frac{V_y}{w}$$

> 面C・Dを極板とするコンデンサーと同じです。

であるので，この電場による力の大きさは$e\dfrac{V_y}{w}$である。よって，力のつり合いから，

$$ev_xB_z=e\frac{V_y}{w}$$

$$\therefore \quad V_y=\underset{\text{オ}}{\underline{wv_xB_z}} \quad \cdots(14.2)$$

式(14.1)(14.2)からv_xを消去すると，

$$V_y=wB_z\frac{I_x}{endw}=\underset{\text{カ}}{\underline{\frac{B_zI_x}{end}}}$$

$$\therefore \quad n = \frac{1}{ed} \times B_z \frac{I_x}{V_y} \quad \cdots(14.3)$$

グラフから$B_z\dfrac{I_x}{V_y}$の値を読み取って式(14.3)に代入すると，

$$n = \frac{1}{1.6\times10^{-19}\mathrm{C}\times1.0\times10^{-6}\mathrm{m}}\times0.48\mathrm{T}\times\frac{10\times10^{-3}\mathrm{A}}{300\times10^{-3}\mathrm{V}}$$

$$\underline{= 1.0\times10^{23}個／\mathrm{m}^3}_{\ \ \text{キ}}$$

$B_z = 0[\mathrm{T}]$のとき，電子には電圧V_xによる電場からの力を受けて加速度が生じる。電圧V_xによる電場の大きさは面Aと面Bの距離がlであることから$\dfrac{V_x}{l}$であるから，電子に作用する電場の力の大きさは$e\dfrac{V_x}{l}$であり，この力によって電子に生じる加速度の大きさaは，運動方程式から，

$$ma = e\frac{V_x}{l}$$

$$\therefore \quad a = \frac{eV_x}{ml}$$

これを用いると，

$$v_x = a\varDelta t = \underline{\frac{eV_x}{ml}\varDelta t}_{\ \ \text{ク}}$$

さらに，

$$v_\mathrm{m} = \frac{1}{2}a(\varDelta\tau)^2\div\varDelta\tau = \frac{1}{2}a\varDelta\tau = \underline{\frac{eV_x}{2ml}\varDelta\tau}_{\ \ \text{ケ}} \quad \cdots(14.4)$$

式(14.1)にv_xとしてv_mを代入すると，

$$I_x = endwv_\mathrm{m} = endw\times\frac{eV_x}{2ml}\varDelta\tau = \frac{e^2ndw\varDelta\tau}{2ml}V_x$$

という関係があることがわかり，これをオームの法則と対応させると$\dfrac{e^2ndw\varDelta\tau}{2ml}$が**抵抗値の逆数**として機能していることがわかる。ところで，この導体の抵抗値は，電流が$-x$方向に流れていることを考えると，

$$\rho\frac{l}{dw}$$

となるはずであるから,

$$\rho\frac{l}{dw} = \frac{2ml}{e^2 ndw\Delta\tau}$$

$$\therefore\quad \rho = \frac{2m}{e^2 n\Delta\tau}\,_{\text{コ}}$$

式(14.4)から, 温度が上昇して$\Delta\tau$の値が小さくなるとv_{m}も小さくなることがわかり, このとき式(14.2)からV_yも <u>小さく</u> $_\text{サ}$ なることが予測され, V_yの値を保つためにはB_zを <u>大きく</u> $_\text{シ}$ すればよいことがわかる。

2 電子に働くローレンツ力によって電子が面Dの方に偏り, これによって導体内には面Cから面Dに向かう向きの電場が生じ面Cが面Dと比べて高電位になり, この電場から電子に働く力がローレンツ力とつり合うような電位差V_yになると偏りが止まりV_yの値が決まる。

直流電源にコイルとコンデンサーとスイッチが接続された図1のような電気回路を考える。コイルの自己インダクタンスをL, 単位長さ当たりの巻き数をnとし, コイルに流れる電流はaの矢印の向きを正とする。直流電源の電圧はV, コンデンサーの静電容量はCであり, 電源には抵抗値rの内部抵抗がある。

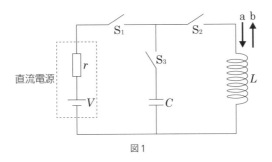

図1

Ⅰ, Ⅱの最初の状態ではともに, スイッチS_1, S_2, S_3は全て開いており, 電気回路に電流は流れておらず, コンデンサーに電荷はなかった。以下の空欄 ◻︎ に入れるべき適切な式を, 解答欄に記入せよ。ただし, (7), (13)では, ｛　｝から正しいものを1つ選択し, (16), (17)では正しいものを全て選択し, 解答欄に記入せよ。

◻︎ Ⅰ ◻︎ ---

最初の状態からスイッチS_1とS_2を閉じると, コイルに電流が流れる。十分短い時間Δtの間に電流がΔIだけ変化した。この時, コイルに生ずる誘導起電力の大きさは, L, ΔI, Δtを用いると (1) と表せる。

その後, 十分時間が経過すると, 電流の大きさは一定になった。この時, コイルに流れる電流の大きさは (2) であり, コイルで生じる磁場の強さH_1は, n, V, rを用いると (3) である。

◻︎ Ⅱ ◻︎ ---

最初の状態からスイッチS_1とS_3を閉じると, コンデンサーに電荷が蓄えられはじめる。十分時間が経過した後に, コンデンサーに蓄えられる電荷量

は　(4)　であり，静電エネルギーは　(5)　である。

次に，S_1を開いてS_2を閉じると，コンデンサーが放電し始め，コイルに電流が図1のaの矢印の向きに流れ始める。S_2を閉じた直後の短い時間Δtにおける電流の変化率$\dfrac{\Delta I}{\Delta t}$は　(6)　である。コンデンサーの電荷がゼロになる時，コイルには　(7){a,b}　の矢印の向きに電流が流れており，コンデンサーは，S_2を閉じる前と正負が逆に充電されはじめる。しばらくすると再び放電が始まる。このように充電と放電が繰り返される結果，コンデンサーとコイルの間には振動電流が流れつづける。この振動電流の角周波数をωとする。このωを用いると，コンデンサーのリアクタンスは　(8)　であり，コイルのリアクタンスは　(9)　である。コンデンサーおよびコイルにかかる電圧の最大値はVなので，振動電流の最大値は，V, C, ωを用いると　(10)　であり，V, L, ωを用いると　(11)　と表せる。コイルとコンデンサーに流れる振動電流の最大値は等しいので，ωは　(12)　と求められる。S_2を閉じた時点からのコイルに流れる電流Iの時間変化は，図2の　(13){(a),(b),(c),(d)}　である。コンデンサーとコイルに蓄えられるエネルギーの和は一定なので，コイルで発生する磁場の強さの最大値H_2は，n, V, C, Lを用いると　(14)　である。

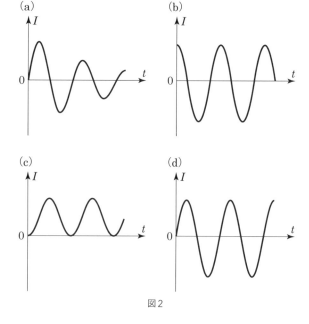

図2

次に，強い磁場を発生させることを考えよう。コイルの長さと断面積をそれぞれlとAとする。コイルの半径に比べてlは十分に大きいので，コイル内部には一様な磁場ができている。真空の透磁率をμ_0とし，n, l, A, μ_0を用いると，コイルの自己インダクタンスLは， (15) である。一方，コンデンサーは平行平板コンデンサーであり，その極板の間隔と面積はそれぞれdとWである。また，真空の誘電率をε_0とする。磁場の強さH_2を大きくするには，$\boxed{(16)\{n, l, A, d, W\}}$ の値を小さくし，$\boxed{(17)\{n, l, A, d, W\}}$ の値を大きくすればよい。

［大阪大学］

| プラチナポイント |

コイルが含まれた電気回路の問題では，高確率で電気振動の問題になります。「コイルは電流変化を妨げようとするが，最終的には抵抗むなしくただの導線になる」という性質も忘れてはいけません。コイル・コンデンサーのリアクタンスはまず覚えてしまいましょう。覚え方は人それぞれ違っていても，もちろん構いません。リアクタンスの「抵抗値モドキ」という意味も同時に覚えておかなければ意味がありません。「抵抗値モドキ」である以上，リアクタンスの単位は抵抗と同じもの（例えばΩ）が用いられます。

I

十分短い時間Δtの間に電流がΔIだけ変化しとき，コイルに生じる誘導起電力の大きさは，自己インダクタンスの定義から，

$$\left| L\frac{\Delta I}{\Delta t} \right| = L\left| \frac{\Delta I}{\Delta t} \right|_{(1)}$$

十分に時間が経ったときの等価回路は下図のようになり，このときにコイルに流れる電流I_Lは電圧の関係式から，

$$V - rI_L = 0$$

$$\therefore \quad I_L = \frac{V}{r}_{(2)}$$

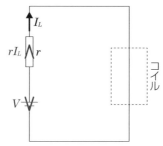

この電流によってコイル内に生じる電場H_1は，コイルの単位長さあたりの巻き数がnであるから，

$$H_1 = nI_L = n\frac{V}{r}_{(3)}$$

II

コンデンサーは十分に時間が経つと電流を止める性質をもつので，そのときのコンデンサーの電圧をV_Cとして電圧の式を立てると，

$$V - V_C = 0$$

$$\therefore \quad V_C = V$$

これを用いると，このときにコンデンサーに蓄えられる電荷量は，

$$CV_C = CV_{(4)}$$

このときのコンデンサーの静電エネルギーは，

$$\frac{1}{2}CV_C^{\,2}=\frac{1}{2}CV^2 \quad (5)$$

コンデンサーを充電した後にスイッチS_1を開いてS_2を閉じた直後，それまでコイルには電流が流れていなかったので，コイルは誘導起電力でコイルの電流を0に保とうとし，コンデンサーの電気量はまだその直前の値CVを保っているとみなすことができる。つまりこのときのコンデンサーの電圧はVであり，電圧の関係式から，

$$V-L\frac{\Delta I}{\Delta t}=0$$

$$\therefore \quad \frac{\Delta I}{\Delta t}=\frac{V}{L} \quad (6)$$

コンデンサーは最初の充電で上側の極板に正電荷を蓄え，スイッチ操作後にその正電荷を放電する。このことから，コンデンサーの電荷が0になるとき，コイルには$a_{(7)}$の向きに電流が流れることがわかる。

コイルを流れる振動電流の角周波数をωとするとき，コンデンサーのリアクタンスは$\dfrac{1}{C\omega}_{(8)}$であり，コイルのリアクタンスは$L\omega_{(9)}$である。

リアクタンスはコンデンサーやコイルの抵抗値にあたる量であることを考えると，振動電流の大きさiが最大となるのは，

$$V=L\omega i=\frac{1}{C\omega}i$$

となるときなので，振動電流の最大値は，

$$i=VC\omega_{(10)}=\frac{V}{L\omega}_{(11)}$$

この関係式から，

$$VC\omega=\frac{V}{L\omega}$$

$$\therefore \quad \omega=\frac{1}{\sqrt{LC}}_{(12)}$$

なお，コンデンサーとコイルからなる回路のエネルギー保存を考えると，コンデンサーにかかる電圧がv，コイルを流れる電流の大きさがiであるとき，

$$\frac{1}{2}Cv^2 + \frac{1}{2}Li^2 = \frac{1}{2}CV^2$$

が成り立つので, 振動電流が最大となるのは,

$$\frac{1}{2}Li^2 = \frac{1}{2}CV^2$$

となるときである。よって, 電流(の大きさ)の最大値は,

$$i = V\sqrt{\frac{C}{L}} \quad \cdots(15.1)$$

であり, LC共振回路の周期が $2\pi\sqrt{LC}$ であることを覚えておいて, それ

が $\dfrac{2\pi}{\omega}$ に相当することを利用して式変形するという方法もある。

スイッチS_2を閉じた時点からのコイルに流れる電流は, スイッチを閉じる直前まで0であったことと, やがてコンデンサーに正負が逆に充電されて, それまでと逆の現象(逆向きの電流が流れるようになる現象)が起こることを考えると, コイルを流れる電流Iの時間変化のグラフは(d)$_{(13)}$のようになることがわかる。

コイルに流れる電流の大きさの最大値は式(15.1)のようになるので, コイルで発生する磁場の強さの最大値H_2は

$$H_2 = n\,i = nV\sqrt{\frac{C}{L}}_{(14)}$$

コイルに大きさ i の電流が流れるとき, コイル内に生じる磁場の大きさは ni であり, その磁場の磁束密度Bは,

$$B = \mu_0 ni$$

よって, コイルを貫く磁場の磁束ϕは,

$$\phi = AB = \mu_0 nAi$$

コイルはコイルの長さが l であることから, 全体での巻き数はnlである。このことから, コイルが感じ取っている磁束は,

$$nl\phi = \mu_0 n^2 Ali$$

これが自己インダクタンスと電流の大きさの積 Li になっていることを考えると,

$$\mu_0 n^2 Ali = Li$$

$$\therefore \quad L = \mu_0 n^2 Al_{(15)}$$

一方, コンデンサーの静電容量Cは,

$$C = \varepsilon_0 \frac{W}{d}$$

であることを考えると,

$$H_2 = nV\sqrt{\frac{C}{L}} = nV\sqrt{\frac{\varepsilon_0 W}{\mu_0 n^2 Adl}} = V\sqrt{\frac{\varepsilon_0 W}{\mu_0 Adl}}$$

この式から, H_2を大きくするためには, $\underline{l,\ A,\ d}_{(16)}$の値を小さくし, $\underline{W}_{(17)}$の値を大きくすればよく, nには依存しないこともわかる。

図1のように，電池(起電力V)，抵抗1(抵抗値$2R$)，抵抗2(抵抗値$2R$)，抵抗3(抵抗値$4R$)，抵抗4(抵抗値R)，コンデンサー(電気容量C)，コイル(自己インダクタンスL)，スイッチS_1, S_2, S_3, S_4, S_5からなる回路がある。はじめ，すべてのスイッチは開いており，コンデンサーに電荷はたくわえられていない。電池の内部抵抗，導線およびコイルの抵抗は無視できる。以下の手順にしたがい，スイッチを開閉していく。各設問に答えよ。ただし，**1**〜**5**には，V, R, C, Lから適切なものを用いて答えよ。

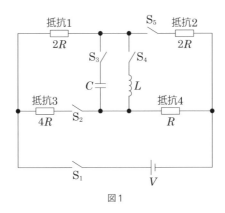

図1

コンデンサーを充電するために，スイッチS_1とS_3を閉じ，じゅうぶんに長い時間をおいた。

1 コンデンサーにたくわえられているエネルギーを求めよ。

2 電池のした仕事を求めよ。

3 抵抗1で発生したジュール熱を求めよ。

次に，スイッチS_1を閉じたまま，S_3を開き，さらにS_2, S_4, S_5を閉じ，じゅうぶんに長い時間をおいた。

4 コイルに流れる電流I_Lを求めよ。ただし，I_Lは図1において，下向きを正とする。

5 コイルにたくわえられているエネルギーを求めよ。

最後に，スイッチS_2, S_4, S_5を閉じたまま，S_1を開いた。なお，S_3は開いたままであった。

6 S_1を開いた直後に抵抗1に流れる電流I_1および抵抗2に流れる電流I_2を求めよ。ただし，I_1, I_2は図1において，右向きを正とする。この設問にはI_Lを用いて答えよ。

[名 古 屋 大 学]

プラチナ解説

1 この場合の等価回路は下図のようになる。十分に時間が経ったときにコンデンサーにかかる電圧をV_1とすると，十分に時間が経ったときにはコンデンサーに流れる電流が0なので，電圧の関係式は，

$$V - V_1 = 0$$
$$\therefore \quad V_1 = V \quad \cdots (16.1)$$

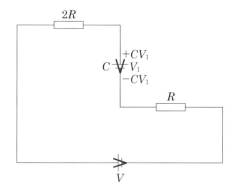

このことから，このときにコンデンサーに蓄えられているエネルギーは，

$$\frac{1}{2}CV_1{}^2 = \frac{1}{2}CV^2 \quad \cdots (16.2)$$

2 コンデンサーに蓄えられている電気量は式(16.1)から，

$$CV_1 = CV$$

であり，この電荷は電池を通ってコンデンサーに運ばれてきたことを考えると，この値は電池を通過した電荷量であるとも解釈できる。よって，電池がした仕事は，

$$V \times CV_1 = CV^2 \quad \cdots (16.3)$$

3 式(16.2)(16.3)から，抵抗1と抵抗4から発生するジュール熱の和は，

$$CV^2 - \frac{1}{2}CV^2 = \frac{1}{2}CV^2$$

であるが，この回路では抵抗1と抵抗4に**共通の電流が流れる**。このこ

とと抵抗での消費電力は抵抗値と電流の2乗の積で与えられることから，**抵抗値の比が各抵抗で生じるジュール熱の比になる。** よって，抵抗1で生じるジュール熱をqとすると，抵抗4で生じるジュール熱は$\frac{1}{2}q$であるので，

$$\frac{1}{2}CV^2 = q + \frac{1}{2}q = \frac{3}{2}q$$

$$\therefore \quad q = \frac{1}{3}CV^2$$

4 この場合の等価回路は下図のようになる。十分に時間が経ったときにはコイルは回路にとっては単なる「クネクネした導線」としての意味しかないので，抵抗3を右向きに流れる電流をi，抵抗2を右向きに流れる電流をjとして電圧の関係式を立てると，

電池→抵抗1→抵抗2→電池：$V - 2R(I_L+j) - 2Rj = 0$　…(16.4)

電池→抵抗3→抵抗4→電池：$V - 4Ri - R(I_L+i) = 0$　…(16.5)

抵抗1→コイル→抵抗3→抵抗1：$-2R(I_L+j) + 4Ri = 0$　…(16.6)

式(16.4)〜(16.6)から，

$$I_L = \frac{V}{6R}, \quad i = \frac{V}{6R}, \quad j = \frac{V}{6R} \quad \cdots(16.7)$$

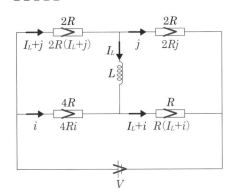

5 式(16.7)から，コイルに蓄えられているエネルギーは，

$$\frac{1}{2}LI_L{}^2 = \frac{1}{2}L\left(\frac{V}{6R}\right)^2 = \frac{LV^2}{72R^2}$$

6 この場合の等価回路は下図のようになる。S_1を開く直前までコイルにはI_Lの電流が流れていたので，コイルは自分で起電力V_Lをもち，その起電力で電流を維持しようとする。

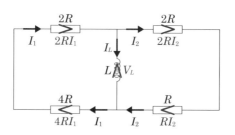

このときの電圧の関係式は，

　　抵抗1→コイル→抵抗3→抵抗1：$-2RI_1 + V_L - 4RI_1 = 0$　$\cdots(16.8)$

　　抵抗2→抵抗4→コイル→抵抗2：$-2RI_2 - RI_2 - V_L = 0$　$\cdots(16.9)$

電流の関係式は

$$I_1 = I_2 + I_L \quad \cdots(16.10)$$

式(16.8)～(16.10)から，

$$I_1 = \frac{1}{3}I_L,\ I_2 = -\frac{2}{3}I_L$$

抵抗値 R の抵抗，自己インダクタンス L のコイル，静電容量 C のコンデンサーと，角周波数 ω の電圧 $V = V_0 \sin\omega t$ の交流電源を用いて，交流回路についての特性をいくつか調べた。以下の問に答えなさい。ただし，t は時刻である。

問1 -

抵抗，コイル，コンデンサーそれぞれに，電圧 V を加えた。

1 抵抗に流れる電流（瞬時値）および電力（平均値）を，R, V_0, ω, t のうち必要なものを用いて表しなさい。

2 コイルに流れる電流（瞬時値）および電力（平均値）を，L, V_0, ω, t のうち必要なものを用いて表しなさい。

3 コンデンサーに流れる電流（瞬時値）および電力（平均値）を，C, V_0, ω, t のうち必要なものを用いて表しなさい。

問2 -

コイル及びコンデンサーの角周波数に対する基本的な特性を調べるために，図1の回路を構成した。電球A, Bは同じものであり，その明るさは電球で消費する電力に比例し，内部の自己インダクタンスおよび静電容量は無視できるものとする。この回路で，電圧 V の角周波数 ω を低周波（ω が小さい）から高周波（ω が大きい）へ変化させたところ，ある角周波数 ω_0 で電球A, Bの明るさが同じになった。$\omega < \omega_0$ のとき，および $\omega > \omega_0$ のとき，それぞれについて，明るいのは電球A, Bのどちらか，答えなさい。また，そう考えた理由を述べなさい。

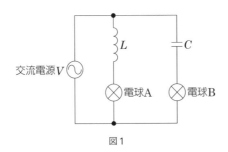

図1

図2の回路の四角(イ)，（ロ），（ハ）には，抵抗，コイル，コンデンサーが，重複することなく，それぞれ一つずつ入っている。角周波数ωをω_0より十分小さくしていくと，図2の回路を流れる電流Iが0に近づいていった。（イ）に入っているものは，抵抗，コイル，コンデンサーのうちのどれか，答えなさい。また，そう考えた理由を述べなさい。

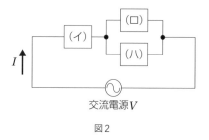

図2

[千 葉 大 学]

｜ プラチナポイント ｜

ただ公式を覚えているだけなのか，その意味まで考えたことがあるかが差になってくる問題です。「リアクタンスは抵抗値モドキ」という意識をもっていると後半の問題は短時間で解けてしまいます。「実効値」は案外役に立ちません。「電流の実効値と電圧の実効値をかけると消費電力の時間平均値が求まる」というのは抵抗だけで，コンデンサーやコイルの場合には成り立たないので注意してください。本問の前半はそれを確認する問題です。

問1

1 オームの法則から, 電流I_Rは,

$$V = I_R R$$

$$\therefore \quad I_R = \frac{V}{R} = \frac{V_0}{R} \sin\omega t$$

抵抗での電力の瞬時値P_Rは,

$$P_R = VI_R = V_0\sin\omega t \times \frac{V_0}{R}\sin\omega t = \frac{V_0{}^2}{2R}(1-\cos 2\omega t)$$

このグラフを描くと下図の実線のようになり, 赤線がその時間平均を表す。よって, 求める電力の平均値$\overline{P_R}$は,

$$\overline{P_R} = \frac{V_0{}^2}{2R}$$

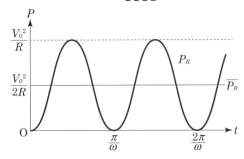

2 コイルのリアクタンスR_Lは,

$$R_L = L\omega \quad \cdots(17.1)$$

これを抵抗値のように用い, 位相の変化に注意すると, 電流I_Lは,

$$I_L = \frac{V_0}{R_L}\sin\left(\omega t - \frac{\pi}{2}\right) = -\frac{V_0}{L\omega}\cos\omega t$$

コイルでの電力の瞬時値P_Lは,

$$P_L = VI_L = V_0\sin\omega t \times \left(-\frac{V_0}{L\omega}\cos\omega t\right) = -\frac{V_0{}^2}{2L\omega}\sin 2\omega t$$

このグラフを描くと次図の実線のようになり, 赤線がその時間平均を表す。よって, 求める電力の平均値$\overline{P_L}$は,

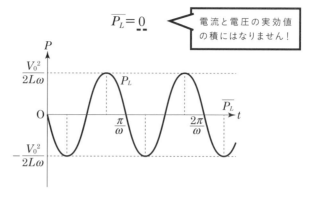

$$\overline{P_L} = \underset{=\!=}{0}$$

電流と電圧の実効値
の積にはなりません！

3 コンデンサーのリアクタンスR_Cは，

$$R_C = \frac{1}{C\omega} \quad \cdots(17.2)$$

これを抵抗値のように用い，位相の変化に注意すると，電流I_Cは，

$$I_C = \frac{V_0}{R_C} \sin\left(\omega t + \frac{\pi}{2}\right) = \underset{-\,-\,-\,-\,-}{V_0 C\omega\cos\omega t}$$

コンデンサーでの電力の瞬時値P_Cは，

$$P_C = VI_C = V_0\sin\omega t \times V_0 C\omega\cos\omega t = \frac{1}{2}V_0{}^2 C\omega\sin 2\omega t$$

このグラフを描くと下図の実線のようになり，赤線がその時間平均を
表す。よって，求める電力の平均値$\overline{P_C}$は，

$$\overline{P_C} = \underset{=\!=}{0}$$

電流と電圧の実効値
の積にはなりません！

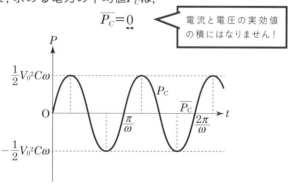

問 2 -

リアクタンスは抵抗値のように機能する値なので，リアクタンスが大
きいほど，その素子を流れる電流の大きさは小さくなる。

この回路ではコイルを流れた電流が電球Aに流れ込み，コンデンサーを流れた電流が電球Bに流れ込む。このことから，コイルを流れる電流とコンデンサーの電流を比較することで電球Aと電球Bの明るさを比較できる。

コイルを流れる電流の大きさとコンデンサーを流れる電流の大きさが等しくなるのはリアクタンスが等しいときであるから，式(17.1)(17.2)より，

$$L\omega_0 = \frac{1}{C\omega_0}$$

$$\therefore \quad \omega_0 = \frac{1}{\sqrt{LC}}$$

リアクタンスの大小比較により，$\omega < \omega_0$ のとき，

$$L\omega < \frac{1}{C\omega}$$

このとき，コイルを流れる電流の方が大きくなるので，電球Aの方が明るい。

$\omega > \omega_0$ のときには，

$$L\omega > \frac{1}{C\omega}$$

このとき，コンデンサーを流れる電流の方が大きくなるので，電球Bの方が明るい。

問3 --

(イ)には ω が小さくなるほどリアクタンスの値が大きくなる素子があって，回路に流れる電流を弱くしていることが推測できるので，(イ)にはリアクタンスが ω に反比例するコンデンサーが入っていると考えられる。

図1に示すように，水平面を xy 平面，鉛直上方を z 軸の正の向きとし，原点をOとする直交座標系をとる。この空間に鉛直上向きに磁束密度 B の一様な磁場（磁界）がかかっている。xy 平面上の $x \geqq 0$ の領域に2本の導線 W_1, W_2 があり，導線 W_1 は x

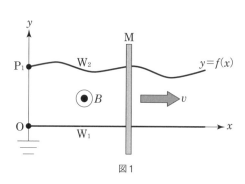

図1

軸上に固定され，原点Oで接地されており，導線 W_2 は，y 軸上の点 P_1 を端点として曲線 $y = f(x)$ 上に固定されている（どの x に対しても $f(x) > 0$ とする）。金属棒Mを2本の導線 W_1, W_2 に常に接触させながら，y 軸と平行に保ち，x 軸正の向きへ一定の速さ v で移動させる。金属棒Mは導線 W_1, W_2 の上を摩擦なく移動でき，金属棒Mと2本の導線の電気抵抗は無視できるものとする。金属棒Mが時刻 $t = 0$ で y 軸上にあったものとして，以下の問いに答えよ。

金属棒Mの内部で電子（電荷 $-e$）にはたらく力を考え，誘導起電力を求めよう。

1 金属棒Mを動かすことにより，金属棒内部の電子にはローレンツ力がはたらく。時刻 t （ただし $t > 0$）におけるその向きを述べ，大きさを，$e, v, B, t,$ および関数 f のうち必要なものを用いて表せ。

2 金属棒Mを動かすと，金属棒内の電子はローレンツ力により移動を始めるが，金属棒内部で生じた電場（電界）からの力が現れ，移動を終える。電子の移動が終わったときに生じる電場の向きを述べ，大きさを $e, v, B, t,$ および関数 f のうち必要なものを用いて表せ。

3 時刻 t （ただし $t > 0$）での図1の点 P_1 の電位を，$e, v, B, t,$ および関数 f のうち必要なものを用いて表せ。

次に図2に示すように，端点 P_1 とOの間に，電気抵抗の無視できる導線を用いて，電源（内部抵抗を無視できる直流電圧源）と電気容量 C を持つコンデ

ンサーを接続し，導線W_2が $y = a\sin(kx) + b$ の曲線上に固定されている場合を考える。ただしa, b, kは正の定数で$b > a$である。金属棒Mを y 軸と平行に保ちながら一定の速さvで x 軸の正の向きに動かすと，コンデンサーにかかる電圧は時間とともに周期的に変動する。電源の電圧値を調節したところ，図2の点P_2の電位がV_0の時にコンデンサーにかかる電圧は0を中心として周期的に変動するようになった。以下では，電源の電圧値をこのようにとり，金属棒Mを一定の速さvでx軸の正の向きに動かす場合を考える。

回路を流れる電流が作る磁場の影響は無視でき，金属棒Mが$t = 0$で y 軸上にあったとして，以下の問いに答えよ。

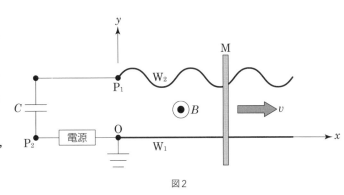

図2

4 コンデンサーにかかる電圧の瞬間値（瞬時値）は各瞬間での誘導起電力と電源による電圧の和になるとして，電源の電圧値V_0，およびコンデンサーにかかる周期的に変動する電圧の周期Tをe, v, B, t, a, b, k, Cのうち必要なものを用いて表せ。

5 時刻t（ただし$t > 0$）においてコンデンサーに流れる電流$I(t)$を求め，e, v, B, t, a, b, k, Cのうち必要なものを用いて表せ。ただし，電流の向きはコンデンサーを$P_1 \to P_2$に流れる向きを正の向きとせよ。

6 金属棒Mを一定の速さvで動かすため，時刻 t（ただし$t > 0$）において金属棒に加える力を求め，e, v, B, t, a, b, k, Cのうち必要なものを用いて表せ。

[筑 波 大 学]

┃ プラチナポイント ┃

交流回路の問題には見えませんが，交流回路の問題です。誘導に従って計算を進めていけば自ずと交流回路の問題であることがわかると思います。本問に限らず，接地されている場所の電位は0であるとみなして計算して構いません。

1 金属棒の中の電子は金属棒の動きとともにx軸方向に$+v$の速度で運動しているので, ローレンツ力の向きは+y方向であり, その大きさは,

$$evB$$

2 電子に **1** で考えたローレンツ力とつり合うような電場の力が作用することで, 電子の移動は起こらなくなる。このときの電場の大きさをEとすると, 電場の力が$-y$方向にeEの大きさで作用し, 力のつり合いから,

$$eE = evB$$

が成り立つ。電子の電荷が負であることを考えると, 電場の向きは+y方向で, その大きさEは,

$$E = vB \quad \cdots(18.1)$$

3 **2** で考えた電場を「極板間隔が$f(x)$の細長いコンデンサーの中に生じた電場」と考えれば, Oに対してP_1は低電位側であり, 電位差は式(18.1)から,

$$E \times f(x) = vBf(x)$$

であることがわかる。時刻tにおける金属棒の位置xはvtであることから, 求める電位は,

$$-vBf(vt) \quad \cdots(18.2)$$

4 この場合の等価回路は下図のようになり, コンデンサーにかかる電圧Vとコンデンサーを流れる電流Iを図のように仮定する。

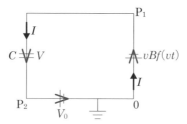

電圧の関係式は, 式(18.2)から

$$V_0 + V + vBf(vt) = 0$$
$$\therefore \quad V = -V_0 - vBf(vt)$$

ここでは $vBf(vt) = vBa\sin(kvt) + vBb$ であることから,

$$V = -vBa\sin(kvt) - vBb - V_0 \quad \cdots(18.3)$$

コンデンサーにかかる電圧が 0 を中心として周期的に振動するように
なったことから, 式(18.3)の定数項は0である。よって,

$$-vBb - V_0 = 0$$
$$\therefore \quad V_0 = \underline{-vBb}$$

このとき,

$$V = -vBa\sin(kvt) \quad \cdots(18.4)$$

この式から, 電圧の周期 T は,

$$kvT = 2\pi$$
$$\therefore \quad T = \frac{2\pi}{kv} \quad \cdots(18.5)$$

5 式(18.4)から, コンデンサーにかかる電圧は交流電圧であることがわ
かる。このときのコンデンサーのリアクタンス R_C は, 交流の角周波数
を ω とすると,

$$R_C = \frac{1}{C\omega}$$

ここで, 角周波数 ω は周期との関係を考えると, 式(18.5)から,

$$T = \frac{2\pi}{\omega} = \frac{2\pi}{kv}$$
$$\therefore \quad \omega = kv$$

よって,

$$R_C = \frac{1}{Ckv}$$

このことと式(18.4)から,

$$I(t) = -\frac{vBa}{R_C}\sin\left(kvt + \frac{\pi}{2}\right) = \underline{-BCkav^2\cos(kvt)} \quad \cdots(18.6)$$

6 金属棒には＋y方向に$I(t)$の電流が流れるので，それによってローレンツ力が作用し，その向きは＋x方向で，その大きさ（成分）は，

$$BI(t)f(vt) = -B^2Ckav^2\cos(kvt)\{a\sin(kvt)+b\}$$

このローレンツ力を打ち消すために金属棒に加える力は，

$$-BI(t)f(vt) = B^2Ckav^2\cos(kvt)\{a\sin(kvt)+b\}$$

図1のように抵抗値Rの抵抗器, 自己インダクタンスLのコイル, 電気容量Cのコンデンサーを直列に接続した回路に, 角周波数ω の交流電源を接続し, 交流電圧Vを加えた。

時刻tにおいて, 回路を流れる電流は, 図1の矢印の向きを正として, $I = I_0 \sin\omega t$であった。このとき, 抵抗器, コイル, コンデンサーにかかる電圧の瞬時値(瞬間値)はそれぞれV_R, V_L, V_Cであった。電源電圧Vの位相は, 回路を流れる電流Iの位相よりも, θだけ進んでいた。円周率をπとする。以下の問いに答えよ。

なお, 必要ならば次の公式を用いてもよい。

$$A\sin x + B\cos x = \sqrt{A^2 + B^2}\,\sin(x+\alpha), \ \ ただし\tan\alpha = \frac{B}{A}$$

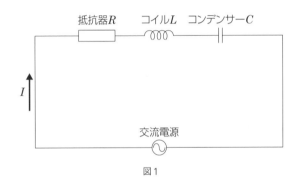

図1

1 電流の実効値I_eを求めよ。

2 V_R, V_L, V_Cをそれぞれ求め，時刻 t の関数で示せ。

3 $\cos\theta$の値を，I_0, R, ω, L, Cのうち必要なものを用いて表せ。

4 Vの最大値V_0および実効値V_eを求め，I_0, R, ω, L, Cを用いて表せ。

5 この回路のインピーダンスZを，$R, \cos\theta$を用いて表せ。

6 回路に加える交流電源の周波数をゆっくりと変化させたところ，特定の周波数で大きな電流が流れた。この現象のことを何というか，答えよ。また，最大電流が流れたときの周波数f_0を求めよ。

[浜 松 医 科 大 学]

┃ プラチナポイント ┃

交流回路の問題としては典型的なLCR直列交流回路です。計算結果は有名なので結果を暗記している受験生も多いと思いますが，交流回路の計算問題としてあえて面倒な途中計算をして見せます。交流回路の計算手順をマスターしてください。インピーダンスは「合成抵抗モドキ」に相当する値であり，単位は抵抗と同じです。実効値を求めよといわれたら「振幅を$\sqrt{2}$で割った値を答えておけばいい」という程度に思っておけば十分です。実効値を用いて他の問題を答えようとするとかえって間違いの原因になります。

1 実効値は振幅を$\sqrt{2}$で割った値なので,

$$I_e = \frac{I_0}{\sqrt{2}}$$

2 オームの法則から,

$$V_R = RI = RI_0\sin\omega t$$

コイルのリアクタンスR_Lは,

$$R_L = L\omega$$

これを抵抗値のように用い,位相の変化に注意すると,

$$V_L = R_L I_0\sin\left(\omega t + \frac{\pi}{2}\right) = I_0 L\omega\cos\omega t$$

コンデンサーのリアクタンスR_Cは,

$$R_C = \frac{1}{C\omega}$$

これを抵抗値のように用い,位相の変化に注意すると,電流I_Cは,

$$V_C = R_C I_0\sin\left(\omega t - \frac{\pi}{2}\right) = -\frac{I_0}{C\omega}\cos\omega t$$

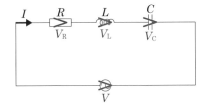

3 電源電圧Vは,電圧の関係式から,

$$V - V_R - V_L - V_C = 0$$
$$\therefore\quad V = V_R + V_L + V_C$$

これに **2** の結果を代入すると,

$$V = R I_0 \sin\omega t + I_0 L\omega \cos\omega t - \frac{I_0}{C\omega}\cos\omega t$$

$$= I_0 \left\{ R\sin\omega t + \left(L\omega - \frac{1}{C\omega} \right)\cos\omega t \right\}$$

$$= I_0 \sqrt{R^2 + \left(L\omega - \frac{1}{C\omega} \right)^2} \left\{ \sin\omega t \times \frac{R}{\sqrt{R^2 + \left(L\omega - \frac{1}{C\omega} \right)^2}} \right.$$

$$\left. + \cos\omega t \times \frac{L\omega - \frac{1}{C\omega}}{\sqrt{R^2 + \left(L\omega - \frac{1}{C\omega} \right)^2}} \right\}$$

この式は,

$$\cos\theta = \frac{R}{\sqrt{R^2 + \left(L\omega - \frac{1}{C\omega} \right)^2}} \quad ,$$

$$\sin\theta = \frac{L\omega - \frac{1}{C\omega}}{\sqrt{R^2 + \left(L\omega - \frac{1}{C\omega} \right)^2}} \quad \cdots(19.1)$$

という関係を満たす角θを用いれば, 三角関数の加法定理により,

$$V = I_0 \sqrt{R^2 + \left(L\omega - \frac{1}{C\omega} \right)^2} \{\sin\omega t\cos\theta + \cos\omega t\sin\theta\}$$

$$= I_0 \sqrt{R^2 + \left(L\omega - \frac{1}{C\omega} \right)^2} \sin(\omega t + \theta) \quad \cdots(19.2)$$

と表すことができる。よって,

$$\cos\theta = \frac{R}{\sqrt{R^2 + \left(L\omega - \frac{1}{C\omega} \right)^2}}$$

電流がsinなの
で,電圧もsin
にします。

116

4 式(19.2)から,

$$V_0 = I_0 \sqrt{R^2 + \left(L\omega - \frac{1}{C\omega}\right)^2} \quad \cdots(19.3)$$

実効値V_eは,

$$V_e = \frac{V_0}{\sqrt{2}} = \frac{I_0}{\sqrt{2}} \sqrt{R^2 + \left(L\omega - \frac{1}{C\omega}\right)^2}$$

5 インピーダンスZは,その意味を考えるとオームの法則から,

$$V_0 = ZI_0$$

このことと式(19.3)から,

$$Z = \frac{V_0}{I_0} = \sqrt{R^2 + \left(L\omega - \frac{1}{C\omega}\right)^2}$$

これと式(19.1)から,

$$Z = \frac{R}{\cos\theta}$$

6 式(19.3)においてV_0が定数であるならば, $\sqrt{R^2 + \left(L\omega - \frac{1}{C\omega}\right)^2}$ が最小

となるときに電流の振幅I_0が最大となり,最も大きな電流が流れる。そのとき,

$$L\omega - \frac{1}{C\omega} = 0$$

$$\therefore \quad \omega = \frac{1}{\sqrt{LC}}$$

よって,このときの周波数f_0は, $\omega = 2\pi f_0$ より,

$$f_0 = \frac{\omega}{2\pi} = \frac{1}{2\pi\sqrt{LC}}$$

このときの現象を共振という。

図1において，金属極板Kに光を照射すると，金属の表面から電子が飛び出す。そして，飛び出した電子(光電子)がPに到達すると，光電流として回路を流れる。

はじめに，極板Kに波長λ_1[m]の単色光を照射し，Kを基準にしたPの電位V[V]を変化させながら回路に流れる電流I[A]を測定したところ，図2のλ_1(実線)のグラフを得た。次に，極板Kに照射する波長をλ_1[m]からλ_2[m]に変えたところ，図2のλ_2(破線)のグラフを得た。

この現象は，光を波とする古典論ではうまく説明できないが，光を振動数に比例するエネルギーを持った粒子(すなわち光子)の集まりであるとすると，説明できる。比例定数をh[J・s]，光速をc[m/s]，電子の電気量をe[C]とする。

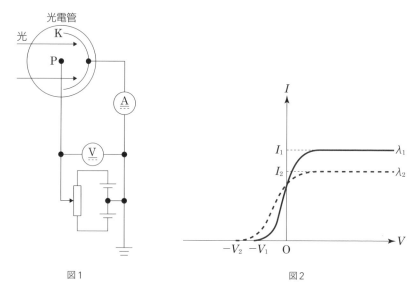

図1　　　　　　　　　　　　図2

1 本文中の下線部の現象を何と呼ぶか答えよ。

2 波長λ_1[m]の光子1個が持つエネルギーE_1[J]はいくらか答えよ。

3 図2のλ_1について，光電子の最大エネルギー[J]はいくらか答えよ。

ここで，電子を金属極板Kから飛び出すには仕事が必要であり，その仕事の最小値は金属ごとに決まっており，仕事関数$W[\text{J}]$といわれる。以下の問いに答えよ。

4 図2のλ_1について，仕事関数$W[\text{J}]$を求めよ。

5 図2のλ_2においても，仕事関数$W[\text{J}]$を求めよ。

6 **4** と **5** の結果を用いて，$h[\text{J}\cdot\text{s}]$を求めよ。

以下の問いについて，$\lambda_1 = 5.0 \times 10^{-7}[\text{m}]$，$\lambda_2 = 4.0 \times 10^{-7}[\text{m}]$，$V_1 = 0.10[\text{V}]$，$V_2 = 0.70[\text{V}]$，$c = 3.0 \times 10^8[\text{m/s}]$，$e = 1.6 \times 10^{-19}[\text{C}]$を用いて答えよ。

7 $h[\text{J}\cdot\text{s}]$と仕事関数$W[\text{eV}]$の値をそれぞれ求めよ。なお，単位に注意のこと。

8 図2のλ_2について，$\lambda_2 = 4.0 \times 10^{-7}[\text{m}]$の照射光の毎秒あたりの照射エネルギーは，$2.4 \times 10^{-3}[\text{J/s}]$であるとき，毎秒何個の光子がKにあたることを意味するか答えよ。

9 波長$\lambda_1[\text{m}]$のままで照射光の光量を増加したとき，図2で示したλ_1（実線）のグラフはどのように変化するか図示せよ。

[香川大学]

| プラチナポイント |

光電効果の頻出問題です。目の付けどころはパターン化されているので，何度も練習問題を解けば難しくはありません。単位変換によるヒッカケもよくある落とし穴です。$1\text{eV} = 1.6 \times 10^{-19}\text{J}$は知っておかなければいけませんが，その意味も覚えておいてください。本問のように，問題の中に電気素量は与えられているのに1eVが何Jなのかが与えられていない場合がありますが，電気素量eの値がそのまま利用できます。

1 光を照射すると金属の表面から電子が飛び出す現象を<u>光電効果</u>という。

2 光子1個がもつエネルギーは, 光の振動数をν[Hz]として,
$$h\nu[\text{J}]$$
で与えられる。波長がλ_1の光の振動数は$\dfrac{c}{\lambda_1}$なので,
$$E_1 = h\nu = \frac{hc}{\lambda_1}[\text{J}] \quad \cdots(20.1)$$

3 図から, Pの電位が$-V_1$[V]以下になるとPK間に生じている電場の力によって光電子の運動エネルギーが失われ, 最大のエネルギーをもつ光電子でさえPに達したときの光電子の運動エネルギーが0になることが読み取れる。このことから, 光電子がKから飛び出したときの最大運動エネルギーK_1は, 光電子のPにおける力学的エネルギーとKにおける力学的エネルギーが等しいことから,
$$K_1 + (-e) \times 0 = 0 + (-e) \times (-V_1)$$
$$\therefore \quad K_1 = \underline{eV_1}[\text{J}] \quad \cdots(20.2)$$

4 仕事関数は, 光子のエネルギーを吸収した金属内の電子が金属原子からの引力や金属原子との衝突などによるエネルギーロスを振り切って金属表面に達するために最低限必要なエネルギーを表している数値である。
式(20.1)(20.2)と仕事関数の意味を考えると,
$$\frac{hc}{\lambda_1} = W + eV_1$$
$$\therefore \quad W = \frac{hc}{\lambda_1} - eV_1[\text{J}] \quad \cdots(20.3)$$

5 式(20.3)と同様に考えて,

$$W = \frac{hc}{\lambda_2} - eV_2 \,[\mathrm{J}] \quad \cdots (20.4)$$

6 式(20.3)(20.4)を連立すると，

$$\frac{hc}{\lambda_1} - eV_1 = \frac{hc}{\lambda_2} - eV_2$$

$$\therefore \quad h = \frac{e(V_1 - V_2)\lambda_1\lambda_2}{c(\lambda_2 - \lambda_1)} \,[\mathrm{J \cdot s}] \quad \cdots (20.5)$$

7 式(20.5)から，

$$h = \frac{1.6 \times 10^{-19} \times (0.10 - 0.70) \times 5.0 \times 10^{-7} \times 4.0 \times 10^{-7}}{3.0 \times 10^8 \times (4.0 \times 10^{-7} - 5.0 \times 10^{-7})}$$

$$= 6.4 \times 10^{-34} \,[\mathrm{J \cdot s}] \quad \cdots (20.6)$$

式(20.3)(20.6)から，

$$W = \frac{6.4 \times 10^{-34} \times 3.0 \times 10^8}{5.0 \times 10^{-7}} - 1.6 \times 10^{-19} \times 0.10 = 3.65 \times 10^{-19} \,[\mathrm{J}]$$

エネルギーの単位の関係式

$$1\mathrm{eV} = e[\mathrm{J}] = 1.6 \times 10^{-19}\,\mathrm{J}$$

より，

$$W = \frac{3.65 \times 10^{-19}\,[\mathrm{J}]}{1.6 \times 10^{-19}} = 2.28\cdots[\mathrm{eV}]$$

$$\therefore \quad W = 2.3\mathrm{eV}$$

式(20.4)を用いてもよい。

8 光子1個中のエネルギーは，式(20.1)と同様にして，

$$\frac{hc}{\lambda_2} = \frac{6.4 \times 10^{-34} \times 3.0 \times 10^8}{4.0 \times 10^{-7}} = 4.8 \times 10^{-19}\,[\mathrm{J/個}]$$

よって，

$$\frac{2.4 \times 10^{-3}\,\mathrm{J}}{4.8 \times 10^{-19}\,\mathrm{J/個}} = 5.0 \times 10^{15}\,個$$

9 光量を増やしても光子1個あたりのエネルギー量は変化しない。1つの電子は1つの光子のエネルギーしか吸収できないので，光量を増やしても光電子のエネルギーは変化しない。そのため，光量を増やしても阻止電圧は変化せず，$-V_1$のままである。しかし，光量は光子の個数に比例するので，光電子の個数は増え，電流量は増える。このことを考慮すると，グラフは下図の赤線のようになる。

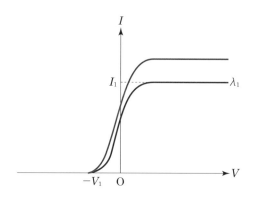

次の文章を読んで,以下の問いに答えよ。

A

図1に示すように,真空中で陰極から飛び出した電子をV[V]の電圧で加速して金属(陽極)に衝突させたところ,図2に示すようなスペクトルのX線が発生した。電子の電気量の大きさをe[C],質量をm[kg]とし,プランク定数をh[J·s],真空中の光の速さをc[m/s]とする。

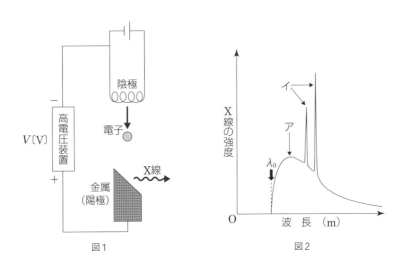

図1   図2

1 図2で,強度が波長に対して連続的に変化するX線(図中のア),および,金属の種類によって特定の波長に強く現れるX線(図中のイ)はそれぞれ何と呼ばれているか,名称を答えよ。

2 電圧Vで加速された電子が衝突して発生するX線の最短波長λ_0[m]を,$c, e, h,$ Vを用いて表せ。なお,電子が陰極から飛び出した際の初速度は無視してよい。

図3に示すように波長λ_1[m]のX線を物質に照射したところ,物質中の電子が入射方向となす角ϕの方向に速さv[m/s]ではね飛ばされるとともに,入射方向となす角θで波長λ_2[m]($\lambda_2 > \lambda_1$)のX線が散乱された。(a)この現象は,X

線の光子が物質中の電子に衝突して，自身の運動量と運動エネルギーの一部を与えるというX線の粒子性を示している。

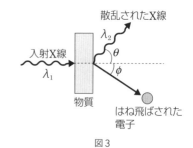

図3

3 下線部(a)の現象は何と呼ばれているか，その名称を答えよ。

4 はね飛ばされた電子の，入射X線に平行な方向の運動量p_x[kg·m/s]を，$\lambda_1, \lambda_2,$ h, θを用いて表せ。

B --

ウラン238（$^{238}_{92}$U）とポロニウム210（$^{210}_{84}$Po）の放射性崩壊について考える。

5 $^{238}_{92}$Uの原子核は1回のα崩壊でトリウム（Th）に変化する。質量数と原子番号を明記して，その崩壊の式を書け。

6 $^{210}_{84}$Poは1回のα崩壊で安定な原子核に変化し，その半減期は138日である。

$^{210}_{84}$Poの数が初めの$\dfrac{1}{16}$になるのは何日後か計算せよ。

図4に示すように，$^{210}_{84}$Poのα崩壊に伴う現象を考える。静止した状態の$^{210}_{84}$Po原子核がα崩壊して，運動エネルギーE_α[J]のα粒子を放出した。α崩壊によって生じた新しい原子核Aとα粒子の速さをそれぞれv_A[m/s]，v_α[m/s]で表し，真空中の光の速さをc[m/s]とする。$^{210}_{84}$Poおよび原子核Aの質量をそれぞれM_{Po}[kg]，M_A[kg]，α粒子の質量をM_α[kg]とする。

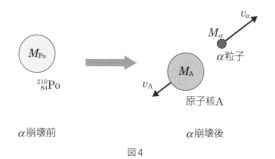

図4

7 α崩壊前後で質量の総和が変化した。この質量変化により放出されるエネルギー E [J]を，M_{Po}, M_A, M_α および c を用いて表せ。

8 α 崩壊前後の運動量の保存を式で表せ。

9 崩壊後の原子核Aとα粒子の運動エネルギーの和が $E_\alpha \left(1 + \dfrac{M_\alpha}{M_A} \right)$ であることを導け。

[山形大学]

┃ プラチナポイント ┃

1問の中で多くの基礎力を問うている，小問集合のような問題です。特性X線（固有X線），連続X線は小問集合を出題する大学で頻出です。コンプトン効果の問題も計算手順はパターン化されており，覚えてしまうぐらいに繰り返し練習しておくとよいです。原子核崩壊の問題は小問集合の問題としてよく出題されます。核崩壊・核融合・核分裂においては静止質量エネルギーまで含めた力学的エネルギー保存の法則が成り立ちます。これらの変化では質量保存の法則が成り立ちません。また，力学的ではないエネルギーが発生する心配はしなくて構いません。

A

---

1 連続的に変化するX線を連続X線$_ア$とよび，金属の種類によって特定の波長に強く表れるX線を特性X線（固有X線）$_イ$とよぶ。

2 電圧Vで加速された電子の運動エネルギーはeVであり，このエネルギーを利用してX線が発生する。発生したX線の波長をλ_0とすると，その光子1個がもつエネルギーは$\dfrac{hc}{\lambda_0}$と表されることから，

$$eV = \frac{hc}{\lambda_0}$$

$$\therefore \quad \lambda_0 = \frac{hc}{eV} \, [\text{m}]$$

ここで求めた波長が最も効率よく電子のエネルギーがX線のエネルギーに変換された場合の波長で，これが求める最短波長になる。

3 電子に光子が衝突することで電子が弾き飛ばされる現象をコンプトン効果という。

4 光子の運動量の大きさは，

$$\frac{h\nu}{c} = \frac{h}{\lambda}$$

で表されることを用いると，運動量保存の法則から，

$$\frac{h}{\lambda_1} = \frac{h}{\lambda_2}\cos\theta + p_x$$

$$\therefore \quad p_x = \frac{h}{\lambda_1} - \frac{h}{\lambda_2}\cos\theta \, [\text{kg·m/s}]$$

B

---

5 α崩壊では原子核からヘリウム原子核^4_2Heが発生する。崩壊前後で質量数の合計と原子番号の合計が保存されることを考えると，ウラン原

子核 $^{238}_{92}\mathrm{U}$ が α 崩壊すると質量数が234，原子番号が90のトリウム原子核 $^{234}_{90}\mathrm{Th}$ が生じる。この崩壊を式で表すと，

$$\underline{^{238}_{92}\mathrm{U} \longrightarrow {}^{234}_{90}\mathrm{Th} + {}^{4}_{2}\mathrm{He}}$$

6

$$\frac{1}{16} = \left(\frac{1}{2}\right)^4$$

このことから，半減期の4倍の時間を求めればよく，

$$138 \times 4 = \underline{552\text{日後}}$$

7 質量 $m[\mathrm{kg}]$ はエネルギー $mc^2[\mathrm{J}]$ に相当する。ここで $c[\mathrm{m/s}]$ は真空中の光速である。このことから求めるエネルギー E は，

$$E = M_{\mathrm{Po}}c^2 - \{M_{\mathrm{A}}c^2 + M_{\alpha}c^2\} = \underline{(M_{\mathrm{Po}} - M_{\mathrm{A}} - M_{\alpha})c^2}[\mathrm{J}]$$

8 崩壊前のポロニウムは静止していたので，運動量は0であり，運動量保存の法則から，崩壊後の運動量の総和も0である。運動量はベクトルであることを考えると，崩壊後の原子核Aと α 粒子の速度の方向は逆向きになることがわかる。このことを考慮して運動量保存の関係式を立てると，

$$\underline{M_{\mathrm{A}}v_{\mathrm{A}} - M_{\alpha}v_{\alpha} = 0} \quad \cdots(21.1)$$

9 求める運動エネルギーの和は，

$$\frac{1}{2}M_{\mathrm{A}}v_{\mathrm{A}}{}^2 + \frac{1}{2}M_{\alpha}v_{\alpha}{}^2$$

であるが，

$$E_{\alpha} = \frac{1}{2}M_{\alpha}v_{\alpha}{}^2$$

であることと，式(21.1)から，

$$v_{\mathrm{A}} = \frac{M_{\alpha}}{M_{\mathrm{A}}}v_{\alpha}$$

であることから，

$$\frac{1}{2}M_{\mathrm{A}}v_{\mathrm{A}}{}^2+\frac{1}{2}M_\alpha v_\alpha{}^2=\frac{1}{2}M_{\mathrm{A}}\left(\frac{M_\alpha}{M_{\mathrm{A}}}v_\alpha\right)^2+E_\alpha$$

$$=\frac{1}{2}M_\alpha v_\alpha{}^2\times\frac{M_\alpha}{M_{\mathrm{A}}}+E_\alpha=E_\alpha\left(1+\frac{M_\alpha}{M_{\mathrm{A}}}\right)$$

次の文章の空欄 ア ～ ク を適切に埋め，下の問いに簡潔な説明をつけて答えよ。ただし， エ ， カ および ク には数式が，それ以外には言葉が入る。

一般に2つの波が出合い，重なったとき，媒質の元の位置からの変位はそれぞれの波が単独で到達したと考えた場合の変位の和になる。これを波の ア の原理という。また，複数の波が重なり，強め合うところと，弱め合うところができる現象を波の イ という。

結晶の原子の間隔と同程度の波長をもつX線を結晶に当てると，結晶内の原子は規則的に並んでいるため，X線に対し回折格子としてはたらき， イ 現象を起こす。これをX線回折といい，この現象を利用して，結晶の原子の間隔を求めることが出来る。図のように，波長 λ のX線を結晶面（格子面）と角 θ をなす方向から入射させると，X線は多くの結晶面内の原子によって散乱され，いろいろな方向に進む。散乱されたX線が イ して強め合うのは，結晶面に対して反射の法則を満たし，かつ，隣り合う2つの結晶面で反射されたX線が ウ （同位相か逆位相かで答えよ）となる場合である。結晶面の間隔を d としたとき，隣り合う2つの結晶面で反射されたX線の経路の差は d と θ を用いて エ と表せ，この経路の差が λ の オ 倍になれば反射した2つのX線は ウ となり強め合う。この条件を表す式は d, n, θ, λ を用いて カ （ただし，$n = 1, 2, 3, \cdots$）と表され，これをブラッグの条件という。

ド・ブロイは，質量をもつ粒子も波動性をもつと予言した。この波を キ といい，特に粒子が電子のときの波を電子波という。電子の質量を m，速さを v，プランク定数を h とすると，この電子波の波長 λ_0 は ク と表せる。その後，デビソン，ガーマー，菊池正士らによって，結晶の原子の間隔と同程度の波長をもつ電子線を結晶に当てるとX線回折と同様の回折現象が生じることが確かめられた。

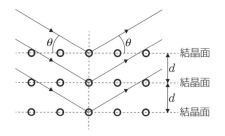

λ_0 をX線と同程度にするにはどれくらいの電位差で加速すればよいかを考える。電気素量をe, 電子は速さ0から電位差Vで加速するものとして, Vをe, h, m, λ_0を用いて表せ。ただし, 電子の速さは光速より十分遅いものとする。

[福島県立医科大学]

｜ プラチナポイント ｜

波動だと思われていた光が光子という粒子の集まりであるならば, 逆に今まで粒子だと思われていたものも波動だと考えることができるのではないか, というごく自然な発想に従って考える問題です。原子物理学の問題というよりは波動の干渉の問題と思った方がよいかもしれません。問題としては難しい問題ではありませんが, 物理学の発想がどういうものかを知るきっかけとしてよい題材だと思います。「加速電圧」という言葉の意味は覚えておいてください。

2つの波が出合い，重なったときに，媒質のもとの位置からの変位はそれぞれの波が単独で到達した場合の変位の和になることを波の重ね合わせ$_{ア}$の原理といい，波が重なり合って強め合ったり弱め合ったりすることを波の干渉$_{イ}$という。2つの波が干渉して強め合いが起こるのは波が同位相$_{ウ}$のときであり，それはX線回折でも変わらない。

図のように反射された隣り合った2つのX線の経路差は，下図の赤線部分に相当し，その長さは，

$$d\sin\theta + d\sin\theta = 2d\sin\theta_{\text{エ}}$$

である。この部分に波動が自然数個できるときに隣り合った2つのX線が強め合う。すなわち，経路差が波長λの整数$_{オ}$倍になれば強め合いが起こる。この条件を式で表すと，

$$2d\sin\theta = n\lambda_{\text{カ}} \quad (n = 1, 2, 3, \cdots : 自然数)$$

ド・ブロイは質量をもつ粒子は波動性をもつと予言した。この波を物質波（ド・ブロイ波）$_{キ}$といい，特に粒子が電子のときには電子波という。
物質波の波長λ_0は「物質の運動量の式と光の運動量の式が同じ意味をもつ状態」と解釈して，

$$mv = \frac{h}{\lambda_0}$$

という関係が成り立つ状態であると考えて，関係式

$$\lambda_0 = \frac{h}{mv}_{\text{ク}}$$

が得られる。

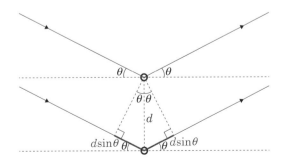

加速電圧Vで加速した電子の速さvは,力学的エネルギー保存則より,

$$\frac{1}{2}mv^2 + (-e)V = 0$$

$$\therefore \quad v = \sqrt{\frac{2eV}{m}}$$

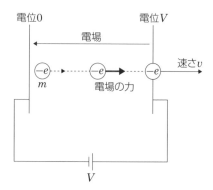

これをド・ブロイ波長の式に代入して,

$$\lambda_0 = \frac{h}{m}\sqrt{\frac{m}{2eV}}$$

$$\therefore \quad V = \frac{h^2}{2\lambda_0{}^2 me}$$

水素原子のボーア模型について考える。①から⑨の括弧の中には数式を入れ，⑩と⑪は値を求めよ。解答欄には途中経過を示して答えよ。ただし，光速度をc，プランク定数をhとする。

問1

水素原子の電子(質量m，電荷$-e$)が原子核(電荷$+e$)のまわりを速さVで半径rの等速円運動をしていると考える。半径方向の電子の運動方程式は（　①　）で示せる。ただし，静電気力の比例定数をk_0とする。電子のエネルギーEは，運動エネルギーと静電気力による位置エネルギーの和で，無限遠を位置エネルギーの基準にとると$E=$（　②　）と示せる。電子波が軌道上でド・ブロイ波長$\lambda=$（　③　）の定常波をつくっているとして，ボーアは量子条件（　④　）を仮定した。ただし，$n=1, 2, 3, \cdots$とする。①と②式より，Eをk_0, r, eを用いて表すと$E=$（　⑤　）となる。また，①と④式よりVを消去して$r=$（　⑥　）を得る。⑥式を⑤式に代入してEをE_nに書き換えて，リュードベリ定数$R\left(=\dfrac{2\pi^2 k_0^{\,2} m e^4}{ch^3}\right)$，$h, c, n$で表すと，$E_n = R \times$（　⑦　）となる。更に，ボーアは原子がエネルギー順位E_nから低いエネルギー順位$E_{n'}$に移るとき，振動数条件を仮定して，$E_n - E_{n'} =$（　⑧　）をみたす振動数νの光子が放出されると考えた。放出される光子の波長をλとしてR, n, n'で表すと，$\dfrac{1}{\lambda} =$（　⑨　）を得る。

- -

$n=4$ の状態から $n=3$ の状態へ電子が移ったとき放出される光のエネルギー（ ⑩ ）[J]と波長（ ⑪ ）[m]の値を求めよ。

ここで, 必要であれば, $R=1.1\times10^7$ 1/m, $c=3.0\times10^8$ m/s, $h=6.6\times10^{-34}$ J·s, $e=1.6\times10^{-19}$ C, $m=9.1\times10^{-31}$ kg, $k_0=9.0\times10^9$ N·m²/C² を用いよ。

[福 岡 教 育 大 学]

| プラチナポイント |

水素原子のボーアモデルの問題です。結果を覚えるのではなく，考察手順を理解しましょう。そうでないと水素原子以外の原子モデルの問題に対応できません。量子条件の意味を丸暗記するのではなく，その意味を考えてみるのも面白いです。量子条件が満たされている場所では，1周目に自分がつくった物質波と2周目に自分がつくった物質波が干渉によって強め合い，特に大きな波動が生じていることになり，物質波が存在しているということはその場所に物質が存在するということなので,その場所に電子が存在しやすいと解釈できます。

水素原子核は$+e$の電荷をもち、電子に比べて十分に大きな質量をもつために静止しているとみなすことができる。水素原子核から受けるクーロン力を向心力として電子が水素原子核を中心として速さV、半径rの等速円運動をしていると考えると、運動方程式は、

$$k_0 \frac{e^2}{r^2} = m\frac{V^2}{r} \quad ①$$

この電子の力学的エネルギーは、電子の位置での水素原子核による電位が$k_0\frac{+e}{r}$であることを考えると、

$$E = \frac{1}{2}mV^2 + k_0\frac{+e}{r} \times (-e) = \frac{1}{2}mV^2 - k_0\frac{e^2}{r} \quad ②$$

このときの電子のド・ブロイ波長λは、

$$\lambda = \frac{h}{mV} \quad ③$$

ボーアの量子条件は「電子の円軌道1周の長さは電子のド・ブロイ波長の自然数倍である」というものであり、この関係を自然数をnとしてVを用いた式で表すと、

$$2\pi r = n\frac{h}{mV} \quad ④$$

これは軌道上で1周目の電子波と2周目の電子波が干渉したときに強め合うための条件であり、「合成波が強め合うための条件」であると解釈できる。

これらの式から、

$$E = \frac{1}{2} \times k_0\frac{e^2}{r} - k_0\frac{e^2}{r} = -k_0\frac{e^2}{2r} \quad ⑤$$

同様にして、量子条件と運動方程式から、

$$k_0\frac{e^2}{r^2} = \frac{m}{r}\left(\frac{nh}{2\pi mr}\right)^2$$

$$\therefore \quad r = \frac{n^2 h^2}{4\pi^2 k_0 e^2 m} \quad \text{⑥}$$

よって，

$$E_n = -k_0 \frac{e^2}{2} \times \frac{4\pi^2 k_0 e^2 m}{n^2 h^2} = -\frac{2\pi^2 k_0^2 e^4 m}{n^2 h^2}$$

この式をリュードベリ定数

$$R = \frac{2\pi^2 k_0^2 e^4 m}{ch^3}$$

を用いて変形すると，

$$E_n = -\frac{2\pi^2 k_0^2 e^4 m}{ch^3} \times \frac{ch}{n^2} = R \times \left(-\frac{ch}{n^2}\right) \quad \text{⑦}$$

ボーアは電子のエネルギー順位が遷移するときに余分なエネルギーを光子として放出し，必要なエネルギーを光子から吸収することでエネルギー順位を遷移すると考えた。この関係から，

$$E_n - E_{n'} = -R\frac{ch}{n^2} - \left(-R\frac{ch}{n'^2}\right) = h\nu \quad \text{⑧}$$

光の振動数 ν と波長 λ の間に波動の関係式

$$c = \nu\lambda$$

が成り立つことを考慮すると，

$$-R\frac{ch}{n^2} - \left(-R\frac{ch}{n'^2}\right) = \frac{ch}{\lambda}$$

$$\therefore \quad \frac{1}{\lambda} = R\left(\frac{1}{n'^2} - \frac{1}{n^2}\right) \quad \text{⑨}$$

問 2 --

問1でつくった関係式から，

$$E_4 - E_3 = -R\frac{ch}{4^2} - \left(-R\frac{ch}{3^2}\right) = \frac{7}{144}Rch$$

$$= \frac{7}{144} \times 1.1 \times 10^7 \times 3.0 \times 10^8 \times 6.6 \times 10^{-34}$$

$$= 1.05\cdots \times 10^{-19}\text{J}$$

$$\therefore \quad 1.1 \times 10^{-19} \text{⑩}[\text{J}]$$

また，

$$\frac{1}{\lambda} = R\left(\frac{1}{3^2} - \frac{1}{4^2}\right) = \frac{7}{144}R$$

$$\therefore \quad \lambda = \frac{144}{7R} = \frac{144}{7 \times 1.1 \times 10^7} = 1.87\cdots \times 10^{-6}\text{m}$$

$$\therefore \quad \underline{1.9 \times 10^{-6}}_{\text{⑪}}[\text{m}]$$

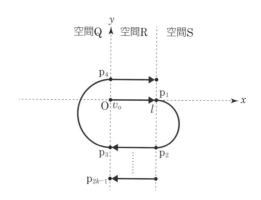

図のようなxy平面において, 質量m[kg], 電荷q[C](qは正とする)の荷電粒子の運動を考える。

空間Qを$x<0$, 空間Rを$0 \le x \le l$[m], 空間Sを$l<x$とする。空間Q, Sには同じ向きで磁束密度B[T]の一様な磁場, 空間Rには一様な電場E[V/m]が存在し, 電場の向きは空間Rに粒子が入射するのと同時に, 粒子の進行方向と同じ向きに切り替わる。図中の実線は粒子の軌跡を示す。

粒子が原点Oからx軸上を正の向きに初速度v_0[m/s]で空間Rに入射し, 空間R内の電場により加速された。粒子は点p_1から空間S中に入射し, 磁場中で図のような半円軌道を描き, 点p_2から再び空間Rに入射し, 先ほどとは逆向きの電場により加速され, 点p_3から空間Qに入射した。

空間QとRとの境界面($x=0$)と, 空間RとSとの境界面($x=l$)との電位差をV[V]とする。粒子の大きさや重力は無視, 粒子は真空中を運動し, ニュートン力学の範囲で考える。また, $1\mathrm{eV}=1.6\times10^{-19}\mathrm{J}$とする。

1 空間Q, S内の磁場の向きを以下の(ア)〜(カ)で答えよ。

(ア) ⊗　　(イ) ◉　　(ウ) →　　(エ) ←　　(オ) ↓　　(カ) ↑

2 この原理に基づいて荷電粒子を加速する装置(加速器)の名称を答えよ。

3 位置p_1における粒子の速度をv_0, q, V, mから必要な記号を用いて答えよ。

4 $p_1 p_2$間の直線距離をv_0, q, V, m, Bから必要な記号を用いて答えよ。

5 p_1からp_2に到達するまでの時間をv_0, m, q, Bから必要な記号を用いて答えよ。

6 位置 p_{2k-1} における粒子の運動エネルギーを v_0, m, q, V, k から必要な記号を用いて答えよ。ただし、k は正の整数とする。

7 陽電子断層撮影装置(PET)では、陽電子を放出する同位元素を製造する際にこの加速器で加速された陽子を利用する。以下の反応式について、①と②に適切な整数を記入せよ。ただし、n は中性子を示す。

$$_{1}^{1}\text{H} + {}_{②}^{①}\text{O} \longrightarrow {}_{9}^{18}\text{F} + \text{n}$$

8 この加速器を利用し、陽子の運動エネルギーを $1.0 \times 10^7 \text{eV}$ にするために必要な、**6** における k を求めよ。ただし、$V = 1.0 \times 10^5 \text{V}$、$\dfrac{mv_0^2}{2} = 1.0 \times 10^6 \text{eV}$ とする。

9 放射能の強さ $1.0 \times 10^4 \text{Bq}$ の ${}_{9}^{18}\text{F}$ を質量 1.0g のある物質に注入した。この同位元素は半減期 2.0 時間で、平均運動エネルギー $1.0 \times 10^5 \text{eV}$ の陽電子を放出する。陽電子がその運動エネルギーのすべてをこの物質中で失うとき、この物質に対する吸収線量率(1秒当たりの吸収線量)が、$2.0 \times 10^{-8} \text{Gy/s}$ になるのは注入して何時間後か。ただし、対消滅後の光子や注入に要した時間については考えない。

[慶 應 義 塾 大 学]

┃ プラチナポイント ┃

前半はサイクロトロン加速器の問題です。原子物理学の実験で使う装置ですが、問題としては電磁気学の問題です。放射線量の問題も近年の入試では出題率が高いので、要注意です。eV の単位変換には慣れておく必要があります。Bq(ベクレル)は1秒間あたりに崩壊する原子核の個数であり、Gy(グレイ)は1kgあたりに吸収する放射線エネルギー[J] の量を表す単位です。これは覚える以外にはありません。放射線が特に人体に及ぼす影響力を表す単位が Sv(シーベルト)です。

1 正電荷の運動方向と円軌道の回転方向から，空間Q, Sを通過するときに荷電粒子に働くローレンツ力の向きは下図の矢印のようになる。このことを考えると，フレミングの左手の法則から考えて磁場の向きは(イ) ◉の向きである。

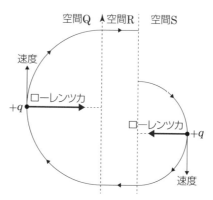

2 荷電粒子が磁場を抜け出てくるタイミングに合わせて電場の向きを変えることで加速する加速器をサイクロトロンという。

3 求める速さをv_1とすると，力学的エネルギー保存則から，

$$\frac{1}{2}mv_O{}^2 + qV = \frac{1}{2}mv_1{}^2$$

$$\therefore \quad v_1 = \sqrt{v_O{}^2 + \frac{2qV}{m}} \quad \cdots(24.1)$$

4 空間Sでの荷電粒子の軌道半径 r_1 は，ローレンツ力を向心力として円運動していることを考えて，

$$m\frac{v_1{}^2}{r_1} = qv_1B$$

$$\therefore \quad r_1 = \frac{mv_1}{qB} \quad \cdots(24.2)$$

求める距離がこの円軌道の直径に対応することを考えると，式(24.1)

を用いて,

$$2r_1 = \frac{2mv_1}{qB} = \frac{2m}{qB}\sqrt{v_O{}^2 + \frac{2qV}{m}}$$

5 速さv_1, 半径r_1の等速円運動の半周分に相当する時間なので, 式(24.2)を用いて,

$$\frac{\pi r_1}{v_1} = \frac{\pi m}{qB}$$

> 速さとは無関係に決まる値です。

6 荷電粒子は空間Rを通過するたびにqVのエネルギーを得る。このことと荷電粒子が位置p_{2k-1}に達するまでに, 荷電粒子は空間Rをk回通過していることを考えると,

$$\frac{1}{2}mv_O{}^2 + kqV$$

7 水素原子核${}^1_1$Hは陽子1個, 中性子0個をもち, フッ素原子核${}^{18}_9$Fは陽子9個, 中性子9個をもつことが, 質量数と原子番号から読み取れる。以上から, 反応後には9個の陽子と10個の中性子があることがわかるので, 反応前にも同じ個数の中性子と陽子が存在したことを考えると, 酸素原子Oは8個の陽子と10個の中性子をもっていたことがわかる。よって酸素原子核は${}^{18}_8$Oである。

①18, ②8

> 「陽子数＋中性子数＝質量数」です！

8

$$\frac{1}{2}mv_O{}^2 + kqV \geqq 1.0 \times 10^7 \text{eV}$$

荷電粒子が陽子であることを考慮し, この式に$\frac{1}{2}mv_O{}^2 = 1.0 \times 10^6$ eV, $qV = 1.0 \times 10^5$eVを代入して,

$$1.0 \times 10^6 + k \times 1.0 \times 10^5 \geqq 1.0 \times 10^7$$

$$\therefore \quad k \geqq \frac{(10-1) \times 10^6}{1.0 \times 10^5} = 90$$

よって,

$$k = \underline{\underline{90}}$$

9 Bq(ベクレル)は1秒間あたりに崩壊する原子核の個数であり, Gy(グレイ)は1kgあたりに吸収する放射線エネルギー[J]の量を表す。初期状態では,

$$1.0 \times 10^4 \text{Bq} \times 1.0 \times 10^5 \text{eV} \times 1.6 \times 10^{-19} \text{J/eV} \times 1000 \text{g} = 1.6 \times 10^{-7} \text{Gy}$$

この吸収線量率が $\dfrac{1}{8}$ 倍になれば, 吸収線量率は2.0×10^{-8} Gy/sになる。

つまり, 放射線源であるフッ素原子核の量が $\dfrac{1}{8}$ 倍になればよいので,

$$\frac{1}{8} = \left(\frac{1}{2}\right)^3$$

より, 半減期の3倍の時間, すなわち,

$$\text{2.0時間} \times 3 = \underline{\underline{\text{6.0時間後}}}$$

原子核には，自然にα崩壊やβ崩壊を起こして他の原子核に変わるものがある。また，人工的に中性子を衝突させて他の原子核に変わる反応を起こさせることもできる。以下の原子核およびその反応に関する設問に答えよ。

1 静止している原子核A（質量M_A）がα崩壊して別の原子核B（質量M_B）に変わる。崩壊の前後で運動量およびエネルギーが保存するとして，崩壊後のα粒子（質量m）の速さをm, M_A, M_Bを用いて表せ。ただし，光速度をcとする。

2 $^{222}_{86}\mathrm{Rn}$はウランUがα崩壊やβ崩壊をくりかえして安定な原子核へ変わっていく過程でつくられるが，その出発点となるのは$^{235}_{92}\mathrm{U}$, $^{238}_{92}\mathrm{U}$のどちらか。また，その過程でα崩壊やβ崩壊をそれぞれ何回ずつ行うか。

3 天然に存在しているウランUの大部分は$^{238}_{92}\mathrm{U}$であり，$^{238}_{92}\mathrm{U}$に対する$^{235}_{92}\mathrm{U}$の現在の存在比は0.70％である。$^{235}_{92}\mathrm{U}$, $^{238}_{92}\mathrm{U}$の半減期をそれぞれ7億年，42億年と仮定すれば，42億年前における$^{238}_{92}\mathrm{U}$に対する$^{235}_{92}\mathrm{U}$の存在比はいくらか。答は有効数字2桁で答えよ。

4 遅い中性子$^1_0\mathrm{n}$が静止した$^{235}_{92}\mathrm{U}$に衝突した結果，$^{141}_{56}\mathrm{Ba}$, $^{92}_{36}\mathrm{Kr}$といくつかの中性子が出てきた。以下の核反応式を完成させよ。

$$^1_0\mathrm{n} + {}^{235}_{92}\mathrm{U} \longrightarrow \boxed{}$$

5 前問で遅い中性子の運動エネルギーを無視するとしたとき，反応によって生じるエネルギーをジュール[J]で表せ。ただし，$^{235}_{92}\mathrm{U}$, $^{141}_{56}\mathrm{Ba}$, $^{92}_{36}\mathrm{Kr}$, $^1_0\mathrm{n}$の質量をそれぞれ，235.0439u, 140.9139u, 91.8973u, 1.0087uとする。また，光速度を$c = 3.0 \times 10^8 \mathrm{m/s}$, $1\mathrm{u} = 1.7 \times 10^{-27} \mathrm{kg}$とせよ。答は有効数字2桁で答えよ。

[埼玉大学]

┃ プラチナポイント ┃

核反応の問題です。解答の方針を立てるのは難しくありません。この問題で難しいのは単位変化を行って数値計算をしなければならない点です。原子質量単位の計算にも慣れておきましょう。「炭素原子^{12}C1個の質量を12uとする」というのが原子質量単位uの定義です。このことを覚えていれば，アボガドロ定数から1uの値を求めることもできます。崩壊の回数を求める問題も頻出ですが，γ崩壊の回数だけは連立方程式を解く計算では求められません。

プラチナ解説

1 崩壊後のα粒子の速さをv, 原子核Bの速さをVとして運動量保存の式を立てると,

$$mv - M_B V = 0$$

エネルギー保存の関係式から,

$$mc^2 + M_B c^2 + \frac{1}{2}mv^2 + \frac{1}{2}M_B V^2 = M_A c^2$$

これらの関係式からVを消去して,

$$mc^2 + M_B c^2 + \frac{1}{2}mv^2 + \frac{1}{2}M_B \left(\frac{m}{M_B}v\right)^2 = M_A c^2$$

$$\therefore \quad v = c\sqrt{\frac{2M_B(M_A - M_B - m)}{m(m + M_B)}}$$

2 ウランがα崩壊をa回, β崩壊をb回行ったとすると, 質量数の関係からウランの質量数Mについて,

$$M - 4a = 222 \quad \cdots(25.1)$$

原子番号について,

$$92 - 2a + b = 86 \quad \cdots(25.2)$$

Mは235か238のいずれかであり, 式(25.1)からMは偶数であることがわかるので, 式$(25.1)(25.2)$から,

$$M = 238,\, a = 4,\, b = 2$$

つまり, $^{238}_{92}\mathrm{U}$が4回のα崩壊と2回のβ崩壊を経て$^{222}_{86}\mathrm{Rn}$になる。

3 42億年前における, $^{238}_{92}\mathrm{U}$に対する$^{235}_{92}\mathrm{U}$の存在比をxとする。42億年は$^{238}_{92}\mathrm{U}$の半減期1回分であり, $^{235}_{92}\mathrm{U}$の半減期6回分に相当する時間である。このことから,

$$x\frac{\left(\dfrac{1}{2}\right)^6}{\dfrac{1}{2}} = \frac{1}{32}x = \frac{7}{1000}$$

$$\therefore \quad x = \frac{224}{1000} = 0.224$$

よって,

$$\underline{\underline{22\%}}$$

4 反応前の中性子とウラン原子核Uに含まれている陽子と中性子の個数はそれぞれ,

陽子：92個, 中性子：144個

であることがわかるが, 反応後のバリウム原子核Baとクリプトン原子核Krに含まれている陽子と中性子の個数は,

陽子：92個, 中性子：141個

このことから, 反応によって核に含まれない中性子が3個発生することがわかる。よって,

$${}_{0}^{1}\text{n} + {}_{92}^{235}\text{U} \rightarrow \underline{{}_{56}^{141}\text{Ba} + {}_{36}^{92}\text{Kr} + 3\,{}_{0}^{1}\text{n}}$$

5 反応による質量欠損は,

$$(1.0087\text{u} + 235.0439\text{u}) - (140.9139 + 91.8973 + 3 \times 1.0087\text{u})$$
$$= 0.2153\text{u}$$

このことから,

$$0.2153\text{u} \times 1.7 \times 10^{-27}\text{kg/u} \times (3.0 \times 10^{8}\text{m/s})^2 = 3.29409 \times 10^{-11}\text{J}$$
$$\therefore \quad \underline{\underline{3.3 \times 10^{-11}\text{J}}}$$

電子の質量m[kg]に対する電荷の大きさe[C]の比$\dfrac{e}{m}$[C/kg]を「電子の比電荷」という。一様な磁場中を運動する電子の軌道を観察することで電子の比電荷を求める実験について考えよう。

実験装置は，図のように円形コイルと電子銃を備えた管球から構成されている。円形コイルに電流を流すことで，その内側に紙面に対して垂直で紙面の裏から表の向きに一様な磁場を生じさせることができる。一方，電子銃からは，紙面内を下から上の向きに速さv[m/s]で電子が放出される。放出された電子は，円形コイルで生成された磁場によって半径r[m]の円周上を運動する。この円の直径d[m]（$= 2r$）を測定することで，電子の比電荷を求めることができる。以下では，円形コイルの内側の磁束密度の大きさB[T]は，円形コイルに流れる電流をI[A]，比例定数をα[T/A]として，αI[T]と表されるものとする。また，電子銃から放出された電子は，はじめ静止している状態から電位差V[V]で加速されたものとする。次の問い（**1**〜**3**）に答えよ。

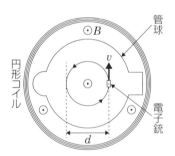

1 vをe, m, Vを用いて表せ。また，同じvをe, m, r, I, αを用いて表せ。

2 電子の比電荷をr, I, V, αを用いて表せ。

3 円形コイルに流れる電流をI_0[A]に保ち，電子銃の電位差Vを変化させたときの円の直径dとVの関係を実線で，また，電流を$\dfrac{1}{2}I_0$としたときのdとVの関係を破線で解答用紙のグラフに図示せよ。ただし，グラフ内の×印は電流をI_0，電位差をV_0[V]としたときの円の直径d_0[m]の点をプロットしたものである。

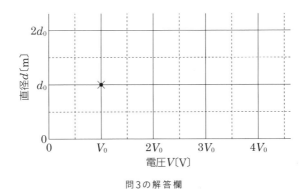

問3の解答欄

[福島県立医科大学]

┃ プラチナポイント ┃

原子物理学の問題ではなく電磁気学の問題の部類に入る問題ですが，比電荷の決定は原子物理学では重要な意味をもちます。それゆえに入試問題のネタにもなりやすいです。物理の問題でも2次関数のグラフや2次曲線のグラフを図示することを要求されることはありますし，無理関数のグラフを描くことを要求されたり，指数関数のグラフを描くことを要求されたりすることもあります。「物理の公式を覚えたから大丈夫」などと思ってはいけません。視野を広くもち，数学などの他教科の知識も活かしていきましょう。これは物理に限らずどの科目の学習についてもいえることです。

1 電子は加速電圧によって得た位置エネルギーeVを運動エネルギーに変えて運動することを考えると，

$$eV = \frac{1}{2}mv^2$$

$$\therefore \quad v = \sqrt{\frac{2eV}{m}} \ \ [\text{m/s}] \quad \cdots(26.1)$$

また，この速度でローレンツ力を向心力とした半径 r の等速円運動をしていることを考えると，

$$ev\alpha I = m\frac{v^2}{r}$$

$$\therefore \quad v = \frac{\alpha e I r}{m} \ \ [\text{m/s}] \quad \cdots(26.2)$$

2 式$(26.1)(26.2)$から，

$$\sqrt{\frac{2eV}{m}} = \frac{\alpha e I r}{m}$$

$$\therefore \quad \frac{e}{m} = \frac{2V}{\alpha^2 I^2 r^2} \ \ [\text{C/kg}] \quad \cdots(26.3)$$

3 式(26.3)から，$\dfrac{e}{m}$ は実験に使用する荷電粒子が何であるかに依存する量であるが，この実験では荷電粒子は電子で統一されているので，$\dfrac{2V}{\alpha^2 I^2 r^2}$ の値は一定であるとみなすことができる。また $d = 2r$ であることから，

$$\frac{2V}{\alpha^2 I^2 r^2} = \frac{8V}{\alpha^2 d^2 I^2} = (\text{一定})$$

$$\therefore \quad \frac{8V}{\alpha^2 d^2 I^2} = \frac{8V_0}{\alpha^2 d_0^2 I_0^2}$$

$$\therefore \quad d = \sqrt{\frac{d_0^2 I_0^2 V}{V_0 I^2}}$$

この式から，d は V の平方根に比例する。このことを考えてグラフを描

くと下図のようになる。

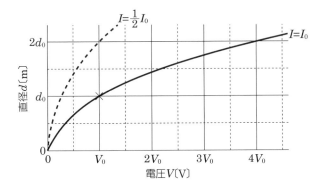

悪性の脳腫瘍は最も治癒が困難ながんの1つである。その理由は，がん病巣がコア（大きながん細胞の塊）の周辺に細胞レベルで浸潤していることによる。それを細胞レベルで治療する手段として，ホウ素中性子捕捉療法という治療法が開発された。本問は，これに使われる原子核反応に関するものである。

質量数10のホウ素（$^{10}_{5}\mathrm{B}$）は熱中性子（運動エネルギーの低い中性子n）を捕捉する確率が他の元素に比べてケタ違いに高いことが知られている。静止しているホウ素が熱中性子を捕捉すると，

(a)　$\mathrm{n} + {}^{10}_{5}\mathrm{B} \longrightarrow {}^{4}_{2}\mathrm{He} + {}^{7}_{3}\mathrm{Li}$

(b)　$\mathrm{n} + {}^{10}_{5}\mathrm{B} \longrightarrow {}^{4}_{2}\mathrm{He} + {}^{7}_{3}\mathrm{Li}^{*} \longrightarrow {}^{4}_{2}\mathrm{He} + {}^{7}_{3}\mathrm{Li} + \gamma$

　　　$^{7}_{3}\mathrm{Li}^{*}$：$^{7}_{3}\mathrm{Li}$の静止エネルギーが大きい状態，γ：ガンマ線

のいずれかの過程を経て，アルファ粒子（$^{4}_{2}\mathrm{He}$）と質量数7のリチウム原子核（$^{7}_{3}\mathrm{Li}$）を放出し大きな核エネルギーが開放される。このとき以下の問に答えよ。ここで，各粒子の静止質量は，原子質量単位で表1に示されている。なお1原子質量単位は，エネルギーに換算して$9.3 \times 10^{2}\mathrm{MeV}$である。また，熱中性子の運動エネルギーは，核反応のエネルギーに比べて非常に小さいので，それを0として計算せよ。問1，問4の答えはMeV単位で有効数字2桁まで求めよ。

表1：各粒子の質量（原子質量単位で表示）

粒　子	質　量
中性子	1.00866
質量数10のホウ素原子核	10.01020
アルファ粒子	4.00151
質量数7のリチウム原子核	7.01436

1 (a)の反応は，発熱反応である。その反応熱Q（反応の結果できた粒子の運動エネルギーの総和）を求めよ。

2 (a)の反応で，出射するアルファ粒子とリチウム原子核が放出される方向にはどのような関係があるかを述べよ。

3 (a)の反応で，アルファ粒子($^4_2$He)とリチウム原子核($^7_3$Li)の運動エネルギーの表式を求め，反応熱Q，アルファ粒子の質量m，リチウム原子核の質量Mを用いて記せ。このとき各粒子の運動エネルギーは，（運動量の2乗）÷（2×質量）と書けるとして計算せよ。

4 (b)の第2ステップから第3ステップへの過程では，$^7_3$Li*がガンマ線を放出して$^7_3$Liに崩壊する。このガンマ線のエネルギーを求めよ（その導出過程も明示せよ）。ただし，$^7_3$Li*と$^7_3$Liの静止エネルギーの差は，0.48MeVであるとする。ここでは$^7_3$Li*は止まっているとして計算せよ。このとき，ガンマ線の光子を除く各粒子の運動エネルギーは，（運動量の2乗）÷（2×質量）と書けるとして計算せよ。また，εが1に比べて十分小さいとき，$\sqrt{1+2\varepsilon}\fallingdotseq 1+\varepsilon$という近似が使えることを利用せよ。

［筑 波 大 学］

┃ プラチナポイント ┃

核反応の融合問題です。問題文中に示された情報の中から解答に必要な情報とそうでない情報を取捨選択する能力が試されます。一気に計算しようとするとミスの原因になります。「試験時間内に正解すれば，何回解き直してもいい」という気持ちで計算ミスを防ぐことは入試では大事です。近似式が与えられた問題では「近似式が使えるように式変形するにはどうしたらよいか」と考えてから式変形しましょう。記憶力に頼って「以前に似た問題を解いたときにはこうやっていたから，今回も同じようにすればいいだろう」と思っているとうまくいかなくなってしまうことがよくあります。

1 反応による質量欠損は,

$$(1.00866+10.01020)-(4.00151+7.01436)=0.00299u$$

この分の質量エネルギーが反応熱Qになる。よって,

$$Q=0.00299u×9.3×10^2MeV=2.78\cdots MeV$$

$$\therefore \quad Q=\underline{2.8MeV}$$

2 運動量保存の法則から，反応後のアルファ粒子の運動量ベクトルとリチウム原子核の運動量ベクトルの和は0ベクトルでなければならない。これはアルファ粒子の運動量ベクトルとリチウム原子核の運動量ベクトルが互いに逆向きであることを表しており，運動量ベクトルの向きは速度ベクトルの向きと一致するので，アルファ粒子の速度ベクトルの方向とリチウム原子核の速度ベクトルの方向は互いに逆向きになっていることがわかる。

3 アルファ粒子とリチウム原子核の運動量をそれぞれp_α, p_{Li}とする。運動量保存の法則から，

$$p_\alpha+p_{Li}=0 \quad \cdots(27.1)$$

エネルギーの関係式から，

$$Q=\frac{p_\alpha^2}{2m}+\frac{p_{Li}^2}{2M} \quad \cdots(27.2)$$

式(27.1)(27.2)から，

$$Q=\frac{p_\alpha^2}{2m}+\frac{(-p_\alpha)^2}{2M}=\frac{m+M}{2mM}p_\alpha^2$$

$$\therefore \quad p_\alpha^2=p_{Li}^2=\frac{2mM}{m+M}Q$$

よって，アルファ粒子の運動エネルギーは，

$$\frac{p_\alpha^2}{2m}=\underline{\frac{M}{m+M}Q}$$

リチウム原子核の運動エネルギーは，

$$\frac{{p_{\mathrm{Li}}}^2}{2M} = \underline{\frac{m}{m+M}Q}$$

4 $^{7}_{3}\mathrm{Li}^*$ と $^{7}_{3}\mathrm{Li}$ の静止エネルギーの差である0.48MeVのエネルギーは, $^{7}_{3}\mathrm{Li}$ の運動エネルギーとガンマ線の運動エネルギーになる。 $^{7}_{3}\mathrm{Li}$ の運動量を p_{Li}', ガンマ線の光子の運動量を $p\,(p>0)$ とすると, 運動量保存の法則から,

$$p_{\mathrm{Li}}' + p = 0$$

エネルギーの関係式から,

$$0.48[\mathrm{MeV}] = \frac{{p_{\mathrm{Li}}'}^2}{2M} + cp$$

> （光のエネルギー）＝（光速）×（運動量）です。

これらから,

$$0.48[\mathrm{MeV}] = \frac{p^2}{2M} + cp$$

$$\therefore \quad p^2 + 2Mcp - 0.96M = 0$$

$$\therefore \quad p = -Mc \pm Mc\sqrt{1 + \frac{0.96}{Mc^2}}$$

$p>0$ であることを考慮すると,

$$p = -Mc + Mc\sqrt{1 + \frac{0.96}{Mc^2}} \fallingdotseq -Mc + Mc\left(1 + \frac{0.48}{Mc^2}\right) = \frac{0.48}{c}$$

よって, ガンマ線のエネルギーは,

$$cp = c \times \frac{0.48}{c} = \underline{0.48\mathrm{MeV}}$$

以下の①〜⑨の空欄に入る適切な語句, 数値, 式を答えよ。数値の場合は⑤のみ有効数字2桁とし, 他は1桁とせよ。②と⑨は選択肢から1つ選び記号で答えよ。必要に応じて以下を利用せよ。

$_{52}$Te, $_{53}$I, $_{54}$Xe, $_{55}$Cs, $_{56}$Ba, Kの原子量＝39, アボガドロ数＝6.0×10^{23},

1年＝3.2×10^{7}秒, 電気素量＝1.6×10^{-19}C

②の選択肢:

(a) 乳房   (b) 甲状腺   (c) 肺   (d) 骨   (e) 腎臓

(f) 骨髄

⑨の選択肢:

(a) 2×10^{-6} (b) 2×10^{-5} (c) 2×10^{-4} (d) 2×10^{-3}

(e) 2×10^{-2} (f) 2×10^{-1}

放射性同位元素 ① は, β^{-}線を放出し ^{131}Xe に壊変する。 ① を体内に取り込むと ② に蓄積しやすいことが知られているが, 一方で徐々に体外に排出される。体内に取り込まれた放射性同位元素が体外への排出によって半分になるまでにかかる時間を生物的半減期といい, 放射性同位元素の数が壊変によって元の数の半分になるまでにかかる時間を物理的半減期という。この2つの半減期を考慮したものが内部被曝(体内被曝)の際の実質的な半減期で, 実効半減期という。物理的半減期をT_1とし, 元の放射性同位元素の数をN_0とすると, 時間 t だけ経過した後に壊変せずに残っている放射性同位元素の数 N は, $N＝$ ③ となる。また, 生物的半減期をT_2, 実効半減期をT_3とした場合, T_3をT_1とT_2を使って表すと, $T_3＝$ ④ となり, ① について, T_1を8.0日, T_2を80日とした場合, T_3は, ⑤ 日となる。

放射性同位元素による内部被曝の要因として, 体内に存在する^{40}Kが挙げられる。体内には重量比で0.20%のKが含まれ, K全体に占める^{40}Kの重量比は0.012%である。体重50kgの人に含まれる^{40}Kの質量は ⑥ kgとなる。

N個の放射性同位元素があるとき, その放射能の強さAは, $A＝0.69\dfrac{N}{T_1}$[Bq]で表され, ^{40}Kの半減期が1.3×10^{9}年であることを利用すると, 体重50kgの人の体内における^{40}Kの放射能の強さは ⑦ Bqとなる。但し, ここでのT_1は秒単位の物理的半減期とする。

ある放射性同位元素から発生するγ線のエネルギーが 2MeV であり, 放射能の強さが一定値500Bqで, このγ線のエネルギー全てが人体に均一に吸収されるとき, 体重50kgの人に対する吸収線量は1時間当たり　⑧　Gyとなる。

また, 日本における年間自然被曝線量は約　⑨　Svである。

[慶 應 義 塾 大 学]

┃ プラチナポイント ┃

放射線についての問題です。「日常生活の中で知識を活かしているかどうか」が問われている問題といえます。問題文に示された物理量の定義や意味を読み取って, その場で考える力も求められています。教科書には記載されていない知識を問われる問題が含まれていますが, 合否を分けるのはそうした問題ではなく, 基本に従って考察していけば正解できるはずの問題を数多く正解することです。高校生が正解できるような問いが1問も含まれていない大問が大学入試で出題されるはずはないですから, 心配しないでください。

β^{-}線は電子が飛翔したものであり, β崩壊によって生じる。β崩壊によって $^{131}_{54}$Xe に壊変するのは質量数が131, 原子番号が53の原子核であるから, それは $^{131}_{53}$I ① である。ヨウ素 $^{131}_{53}$I は体内に取り込まれると甲状腺[(b)②]に蓄積されやすい。

時間 t だけ経過した後に壊変せずに残っている放射性同位元素の個数 N は,

$$N = \left(\frac{1}{2}\right)^{\frac{t}{T_1}} \text{③}$$

となり, 半減期の意味を考えると,

$$\left(\frac{1}{2}\right)^{\frac{T_3}{T_1}} \times \left(\frac{1}{2}\right)^{\frac{T_3}{T_2}} = \frac{1}{2}$$

$$\therefore \quad \frac{T_3}{T_1} + \frac{T_3}{T_2} = 1$$

$$\therefore \quad T_3 = \frac{T_1 T_2}{T_1 + T_2} \text{④}$$

この式に $T_1 = 8.0$日, $T_2 = 80$日を代入すると,

$$T_3 = \frac{8.0 \times 80}{8.0 + 80} = \frac{640}{88} = 7.27\cdots 日$$

$$\therefore \quad T_3 = \underline{7.3日} \text{⑤}$$

体重50kgの人に含まれる ^{40}K の質量は,

$$50 \times \frac{2}{1000} \times \frac{12}{100000} = 1.2 \times 10^{-5} \text{kg}$$

$$\therefore \quad \underline{1 \times 10^{-5} \text{kg}} \text{⑥}$$

1.2×10^{-5}kg のカリウムに含まれている原子の個数は, 原子量の意味を考えて,

$$\frac{1.2 \times 10^{-5} \text{kg}}{39 \text{g/mol}} \times 6.0 \times 10^{23} \text{個/mol} = \frac{24}{13} \times 10^{20} \text{個}$$

これを用いると,

$$A = 0.69 \times \frac{\dfrac{24}{13} \times 10^{20}個}{1.3 \times 10^9年 \times 3.2 \times 10^7秒} = 3.06\cdots \times 10^3 \text{Bq}$$

$$\therefore \quad \underline{3 \times 10^3 \text{Bq}}_{⑦}$$

1Gyの定義は「質量1kgあたり1Jのエネルギー吸収」であることを考えると, 体重50kgの人の1時間あたりの吸収線量は,

$$\frac{500\text{Bq} \times 2\text{MeV} \times 10^6 \times 1.6 \times 10^{-19}\text{J/eV}}{50\text{kg}} \times 3.6 \times 10^3 \text{s}$$

$$= 1.152 \times 10^{-8} \text{Gy}$$

$$\therefore \quad \underline{1 \times 10^{-8} \text{Gy}}_{⑧}$$

日本における年間自然被曝線量は約2×10^{-3}[(d)$_{⑨}$]Svである。

「ミリシーベルト」のレベルです。

高温の水素原子は特定の波長の電磁波を放射することが知られている。赤外線領域から波長が短い領域にかけて測定を行ったところ，下図のようなスペクトルが観察された。スペクトルの輝線は黒線で表されている。図の横軸は，右から左に波長が長くなるように，波長に対する対数目盛になっている。なお，図中の点線で囲まれた部分は，人間の目に見える光であった。観察されたスペクトルの間隔は一定ではなく，図中のA, B, Cで示すように，輝線が集中している部分が3か所存在した。また，Cよりも短い波長の電磁波は観察されなかった。この現象に関して，以下の問いに答えよ。ただし，電子の質量をm[kg]，電子の電荷を$-e$[C]とし，静電気力に関するクーロンの法則の比例定数をk_0 [N・m²/C²]とする。必要であれば，質量m[kg]，速さv[m/s]の物質粒子のド・ブロイ波長λ [m]は，プランク定数h [J・s]を用いて，

$$\lambda = \frac{h}{mv}$$

と表されることを用いてよい。

波長（m）　1.0×10⁻⁶　　　　　　　　　　　　　　1.0×10⁻⁷

1 水素原子において，電子が原子核のまわりを速さv[m/s]，半径r[m]で等速円運動していると考えるとき，この運動の運動方程式をv, r, m, e, k_0を用いて表せ。

2 等速円運動の円周の長さは，電子のド・ブロイ波長のn倍であるとして（ただし，nは自然数），等速円運動の半径r [m]がとりうる値をn, m, e, k_0, hを用いて表せ。

3 位置エネルギーの基準を無限遠として，電子の力学的エネルギー（運動エネルギーと位置エネルギーの和）をn, m, e, k_0, hを用いて表せ。

4 図中の記号Fで示した波長の電磁波が放射される理由について, 電子のエネルギー準位の観点から, 具体的なnの値に言及しつつ, 100字程度で説明せよ。

5 図中の記号Eで示した輝線の光の波長は4.9×10^{-7}mである。図中の記号Dで示した輝線の光の波長を有効数字2桁で求めよ。

[筑 波 大 学]

┃ プラチナポイント ┃

原子が放った光のスペクトルを読み取る問題です。光のスペクトルを「原子核のまわりを周回している電子の軌道が変わったときに余分になったエネルギーを光として放出している」と考えて立式します。計算式の立式までは簡単です。式変形をしているうちに指数がいくつも出てくるので見間違えないようにしてください。大学受験生であっても分数式の式変形は計算ミスをしやすいものです。そうした悔やんでも悔やみきれない凡ミスで失点しないように注意してください。

プラチナ解説

1 水素原子核（電荷＋e）から受けるクーロン力を向心力として電子が水素原子核を中心として速さv, 半径rの等速円運動をしていると考えると, 運動方程式は,

$$k_0 \frac{e^2}{r^2} = m \frac{v^2}{r} \quad \cdots (29.1)$$

2 電子のド・ブロイ波長λは,

$$\lambda = \frac{h}{mv}$$

であるから, 等速円運動の円周$2\pi r$は,

$$2\pi r = n \frac{h}{mv} \quad \cdots (29.2)$$

という関係を満たさなければならない。式(29.1)から,

$$v = \sqrt{\frac{k_0 e^2}{mr}}$$

が得られるので, これを式(29.2)に代入して,

$$2\pi r = n \frac{h}{me} \sqrt{\frac{mr}{k_0}}$$

$$\therefore \quad r = \frac{n^2 h^2}{4\pi^2 k_0 e^2 m} \, [\mathrm{m}] \quad \cdots (29.3)$$

3 電子の力学的エネルギーEは,

$$E = \frac{1}{2} mv^2 + k_0 \frac{+e}{r} \times (-e) = \frac{1}{2} mv^2 - k_0 \frac{e^2}{r}$$

この式と式(29.1)から,

$$E = -k_0 \frac{e^2}{2r}$$

が得られ, この式に式(29.3)を代入すると,

$$E = -\frac{2\pi^2 k_0{}^2 e^4 m}{n^2 h^2} \quad \cdots (29.4)$$

4 BC間に見られるスペクトル群はスペクトル群の中でもっとも波長が短い，すなわち最も高エネルギーな光のスペクトル群である。このことと式(29.4)から，このスペクトル群は電子が$n \geqq 2$の状態から$n = 1$の状態に遷移したときに放射される光である。Fはこのスペクトル群の中ではもっとも低エネルギーであることから，$n = 2$の状態から$n = 1$の状態に遷移したときに放射される光であると考えられる。

Fに見られる輝線は，$n = 2$の励起状態にあった電子が$n = 1$の基底状態に遷移するときに余分な力学的エネルギーを光子のエネルギーとして放射した光を観測したものである。

5 Eの光は$n = 4$の状態にあった電子が$n = 2$の状態に遷移したときに放出した光である。このときの輝線の光の波長をλ_{42}とすると，式(29.4)から，

$$-\frac{2\pi^2 k_0{}^2 e^4 m}{4^2 h^2} - \left(-\frac{2\pi^2 k_0{}^2 e^4 m}{2^2 h^2}\right) = \frac{hc}{\lambda_{42}}$$

$$\therefore \quad \frac{3}{16} \cdot \frac{2\pi^2 k_0{}^2 e^4 m}{h^2} = \frac{hc}{\lambda_{42}} \quad \cdots (29.5)$$

Dの光は$n = 3$の状態にあった電子が$n = 2$の状態に遷移したときに放出した光である。このときの輝線の光の波長をλ_{32}とすると，式(29.4)から，

$$-\frac{2\pi^2 k_0{}^2 e^4 m}{3^2 h^2} - \left(-\frac{2\pi^2 k_0{}^2 e^4 m}{2^2 h^2}\right) = \frac{hc}{\lambda_{32}}$$

$$\therefore \quad \frac{5}{36} \cdot \frac{2\pi^2 k_0{}^2 e^4 m}{h^2} = \frac{hc}{\lambda_{32}} \quad \cdots (29.6)$$

式(29.5)(29.6)から，

$$\frac{36}{5} \cdot \frac{hc}{\lambda_{32}} = \frac{16}{3} \cdot \frac{hc}{\lambda_{42}}$$

$$\therefore \quad \lambda_{32} = \frac{3}{16} \times \frac{36}{5} \lambda_{42} = \frac{27}{20} \times 4.9 \times 10^{-7} = 6.61\cdots \times 10^{-7}$$

$$\therefore \quad \underline{6.6 \times 10^{-7}\,\mathrm{m}}$$

巻末付録 | 物理の近似式

本書を締めくくるにあたり, 物理を完全制覇するために必要な数学の知識として, 「近似式」についてさまざまな角度から解説していきます。

[§1] 近似と接線 ～近似式の正体～

数学Ⅱや数学Ⅲで学習したように, xの関数 $y = f(x)$ の点$(t, f(t))$における接線の方程式は,

$$y = f'(t)(x - t) + f(t)$$

で与えられます。実は, 入試物理で用いる近似式はこの接線の方程式を利用したものなのです。

例として, $|\theta| \ll 1$(「θは非常に小さい値」という意味です。「θは0ではないんだけど, 0と見分けがつかないぐらいに, ほんのちょこっと」と言っていると思うのがよいでしょう)の場合に成り立つ近似式

$$\sin\theta \fallingdotseq \theta$$

を説明します。

関数$y = \sin x$のグラフの点$(0, 0)$における接線の方程式は, $y' = \cos\theta$であることから,

$$y = \cos 0(x - 0) + \sin 0$$
$$\therefore \quad y = x$$

さて, 関数 $y = \sin x$ のグラフでx座標がθである点Aのy座標は$\sin\theta$であり, 一方この接線上でx座標がθである点Bのy座標はθであり, これら2点のy座標は厳密には違う値です。しかし, 点$(0, 0)$の付近では関数のグラフと接線のグラフは**見分けがつかないほど接近している**はずです。

このことは, $|\theta| \ll 1$とみなせるならば, 点Aと点Bのy座標がほぼ等し

く，

$$\sin\theta \fallingdotseq \theta$$

とみなしても大差はないであろうということを示唆しています。これが入試物理で見かける近似式です。

つまり，関数 $y=f(x)$ の点 $(0, f(0))$ における接線の方程式が，

$$y=f'(0)x+f(0)$$

で与えられることを用いて，「$|x| \ll 1$ の場合には曲線をこの接線で近似しよう」というのが入試物理で見かける近似式なのです。

同様にすれば，入試でよく見かける $|x| \ll 1$ の場合に成り立つ近似式

$$\tan x \fallingdotseq x$$

$$\sqrt{1+x} \fallingdotseq 1+\frac{1}{2}x$$

$$(1+x)^n \fallingdotseq 1+nx \quad (n は有理数)$$

も自分で導き出すことができます。ついでに，入試物理では見かけませんが，

$$e^x \fallingdotseq 1+x$$

$$\log(1+x) \fallingdotseq x$$

という近似式もつくることができます。

［§2］ 比較タイプの近似

近似計算の問題には，「$|x| \ll 1$」という条件がついた微少量タイプと，「$m \ll M$」という条件がついた比較タイプがあります。後者のタイプは「何を微少量と思えばよいのか」がわかれば，前者のタイプに帰着できます。

「$m \ll M$」という条件式は普通の不等式「$m<M$」のように考えて，両辺を M で割ると，

$$\frac{m}{M} \ll 1$$

と変形できます。このことと「$|x| \ll 1$」という条件式の対応を考えると「$\dfrac{m}{M}$ を一つの微少量とみなせばよい」ということがわかります。

たとえば，質量がそれぞれ M, m である2つの物体が距離 $R+r$ だけ離れ

て存在しているときに, 2物体の間で作用する万有引力の大きさの近似式を求めます。ただし, 万有引力定数をGとし, $0 < r \ll R$であると仮定します。このとき, 求める万有引力の強さの厳密な値は,

$$G\frac{Mm}{(R+r)^2} = GMm(R+r)^{-2}$$

ですが, $r \ll R$という条件の下では,

$$\frac{r}{R} \ll 1$$

が成り立つので, $\dfrac{r}{R}$で1つの微少量とみなせるようにすることを考えて式変形すると,

$$G\frac{Mm}{(R+r)^2} = GMm(R+r)^{-2} = GMmR^{-2}\left(1+\frac{r}{R}\right)^{-2}$$

ここで, $|x| \ll 1$という条件の下では,

$$(1+x)^{-2} \fallingdotseq 1-2x$$

と近似できることを用い, この式に$x = \dfrac{r}{R}$を代入すると,

$$\left(1+\frac{r}{R}\right)^{-2} \fallingdotseq 1-2\frac{r}{R}$$

この近似式を用いると,

$$G\frac{Mm}{(R+r)^2} = GMmR^{-2}\left(1+\frac{r}{R}\right)^{-2} \fallingdotseq GMmR^{-2}\left(1-2\frac{r}{R}\right)$$

$$\therefore \quad G\frac{Mm}{(R+r)^2} \fallingdotseq G\frac{Mm}{R^2}\left(1-2\frac{r}{R}\right)$$

このようにして近似式をつくることができます。

[§3] 近似式の例

アインシュタインの相対性理論によると, 質量mの物体が速さvで運動しているとき, この物体がもつエネルギーは, 真空での光速をcとして,

$$\frac{mc^2}{\sqrt{1-\left(\frac{v}{c}\right)^2}} = mc^2\left\{1-\left(\frac{v}{c}\right)^2\right\}^{-\frac{1}{2}}$$

で与えられます。物体の速さvが真空での光速cに比べて十分に遅いとき，すなわち $v \ll c$ という条件の下では $\dfrac{v}{c} \ll 1$ が成り立ちます。

ここで，$|x| \ll 1$という条件の下では，

$$(1-x)^{-\frac{1}{2}} \fallingdotseq 1 + \frac{1}{2}x$$

と近似できることを用い，この式に $x = \left(\dfrac{v}{c}\right)^2$ を代入します。$\dfrac{v}{c} \ll 1$ が成り立つことから，$\left(\dfrac{v}{c}\right)^2$ は $\dfrac{v}{c}$ よりもさらに微少な量のはずなので，$\left(\dfrac{v}{c}\right)^2$ で1つの微少量とみなすことができます。すると，

$$\left\{1 - \left(\frac{v}{c}\right)^2\right\}^{-\frac{1}{2}} \fallingdotseq 1 + \frac{1}{2}\left(\frac{v}{c}\right)^2$$

この近似式を用いると，

$$\frac{mc^2}{\sqrt{1 - \left(\dfrac{v}{c}\right)^2}} = mc^2\left\{1 - \left(\frac{v}{c}\right)^2\right\}^{-\frac{1}{2}} \fallingdotseq mc^2\left\{1 + \frac{1}{2}\left(\frac{v}{c}\right)^2\right\}$$

$$\therefore \quad \frac{mc^2}{\sqrt{1 - \left(\dfrac{v}{c}\right)^2}} \fallingdotseq mc^2 + \frac{1}{2}mv^2$$

こうして，質量mの物体が真空での光速cに比べて十分に遅い速さvで運動しているときに物体がもつエネルギーの近似式$mc^2 + \dfrac{1}{2}mv^2$が得られました。

さて，この近似式をよく見てください。この近似式の第1項は原子物理学の問題でよく目にする静止質量エネルギーです。第2項は力学で頻繁に出てくる運動エネルギーです。つまり，高校物理で学ぶ運動エネルギーの式自体がもともとは近似式なのです。

本当は $mc^2 + \dfrac{1}{2}mv^2$ が「物体のもつエネルギー（の近似式）」なのですが，力学の問題では運動中に物体の質量が変化するようなことは起こらないものと仮定しているので，mc^2の部分の値は一定で変化しません。だから無視

しているのです。

　高校物理の力学の問題では運動中に物体の質量が変化するようなことは起こらないものと仮定しているのでmc^2の部分を無視していますが，物理学的には何か意味があるのかもしれませんし，やっぱり意味はないのかもしれません。そんなことを考えながら学習すると，何か新しい発見があるかもしれません。

【著者紹介】

酒井 啓介（さかい・けいすけ）

●──理系の難関国公立・私大向け受験指導で高い実績を上げている個別指導予備校講師。文系志望の受験生や芸術系志望の受験生の受験指導も行っており、特に、入試問題の予想的中率の高さが際立っている。

●──東京都立高島高等学校、京都大学理学部を卒業。東京大学大学院理学系研究科中退。中央大学杉並高等学校、慶應義塾高等学校、開智未来高等学校などで非常勤講師を務め、個別指導予備校や医学部受験予備校でも受験指導に当たってきた。現在は名門会家庭教師センターおよびメディック・トーマスの講師であり、物理・数学・地学などを担当。その傍らで、大手予備校にて模試作題・解答速報作成にも携わる。

●──著書に『物理の完全制覇プラチナ例題［力学・熱・波動編］』（かんき出版）がある。

物理の完全制覇 プラチナ例題［電磁気・原子編］

2020 年 2 月 17 日　第 1 刷発行

著　者──酒井　啓介

発行者──齊藤　龍男

発行所──株式会社かんき出版

　　　　東京都千代田区麹町 4-1-4 西脇ビル　〒 102-0083

　　　　電話　営業部：03(3262)8011(代)　編集部：03(3262)8012(代)

　　　　FAX　03(3234)4421　　　　　　振替　00100-2-62304

　　　　http://www.kanki-pub.co.jp/

印刷所──大日本印刷株式会社

《大好評のシリーズ第1弾》

『物理の完全制覇 プラチナ例題 [力学・熱・波動編]』

酒井啓介＝著　　　　定価：本体1300円＋税

他の演習本とはここが違う！

〈その1〉目標レベルを高く設定

難関国公立大、難関私大の医学部および理系学部を目指す人に最適。

〈その2〉難問に立ち向かう対応力が身につく

正解にたどり着くための物理法則の使い方や新しい解釈の仕方を紹介。

〈その3〉出題意図を見抜く力を養う

入試問題の予想的中率が高いと評判の著者が、的確な視点から解説。